# 电动薯尖叶菜多用途收获机自动控制技术研究

农业农村部南京农业机械化研究所　组织撰写

王公仆　胡良龙　陈文明　著

中国农业科学技术出版社

图书在版编目（CIP）数据

电动薯尖叶菜多用途收获机自动控制技术研究 / 农业农村部南京农业机械化研究所组织撰写；王公仆，胡良龙，陈文明著. -- 北京：中国农业科学技术出版社，2025.1. -- ISBN 978-7-5116-6932-2

Ⅰ. S225.7

中国国家版本馆 CIP 数据核字第 20245NH770 号

责任编辑　李冠桥
责任校对　王　彦
责任印制　姜义伟　王思文

| | |
|---|---|
| 出 版 者 | 中国农业科学技术出版社 |
| | 北京市中关村南大街 12 号　邮编：100081 |
| 电　　话 | （010）82106632（编辑室）　（010）82106624（发行部） |
| | （010）82109709（读者服务部） |
| 网　　址 | https://castp.caas.cn |
| 经 销 者 | 各地新华书店 |
| 印 刷 者 | 北京捷迅佳彩印刷有限公司 |
| 开　　本 | 170 mm×240 mm　1/16 |
| 印　　张 | 6.5 |
| 字　　数 | 114 千字 |
| 版　　次 | 2025 年 1 月第 1 版　2025 年 1 月第 1 次印刷 |
| 定　　价 | 65.00 元 |

版权所有·侵权必究

# 前　言

甘薯是一种抗旱、耐贫瘠、增产潜力巨大的作物，于明朝万历年间传入中国，对明清时期中国的食物结构和人口增长产生了深远影响，曾是中华人民共和国20世纪60—70年代困难时期老百姓的主要粮食"替代品"，有"甘薯救活一代人"之说。甘薯营养丰富、用途广泛，是重要的粮食、饲料、工业用淀粉原料及新型能源原料，是世界粮食生产的底线作物和极具竞争力的能源作物，也是优质的抗癌保健食品，是欠发达地区主要经济作物之一，在灾年、歉年仍是重要的救灾粮食，具有特殊战略意义。

我国是世界上蔬菜种植种类最多、范围最广的国家，产量占世界总产量的50%以上。2023年全国蔬菜播种面积约3.4亿亩[①]，总产量达8.3亿t，人均占有量超500 kg，均位列全球第一。甘薯属旋花科番薯属，一年生或多年生蔓生草本，又称山芋、红薯等，因地区不同而称谓各异。甘薯除了块根，其叶柄和茎尖都具有很高的营养和利用价值。通常将以茎叶及茎尖为食用原料的甘薯称为菜用甘薯，其属于叶菜的一种。叶菜是一类通常以鲜嫩叶片、叶柄和茎尖为食用部分的蔬菜，具有生长周期短、采收劳动强度大等特点。由于我国叶菜种植品种繁多，且不同叶菜的种植密度、种植模式和生长特性等差异明显，因此叶菜采收基本依靠人工完成。随着农村劳动力不断减少，叶菜采收产业又属劳动密集型产业，加快叶菜收获机械发展，实现叶菜机械化、智能化收获，对降低叶菜生产成本、减轻人工劳动强度、推动叶菜采收行业发展具有重要意义。

为推进我国电动薯尖叶菜多用途收获机自动控制技术研究与发展，特撰写此书。全书包括概述、叶菜收获机械研究现状及发展展望、控制系统

---

① 1亩约为667m²，全书同。

方案设计、行走速度自动调节控制系统设计与试验、自动卸筐和补筐控制系统设计与仿真试验、割刀离地高度自动调控系统设计与仿真试验、系统硬件总体结构及软硬件设计、系统性能试验、总结与展望等内容。全书从农机农艺融合视角出发，以宜机化收获和全程机械化作业为目标，通过大量文献分析和实地调研，较为系统地阐述了国内菜用甘薯产业概况、菜用甘薯种植农艺要求，总结分析了国内外叶菜收获机械化技术研发现状，提出发展展望，结合实际工作，重点从整机结构与工作原理、关键控制系统设计、参数试验优化等几个方面对4UM-120D型电动薯尖叶菜多用途收获机具开展机构设计和研究优化，旨在提升我国菜用甘薯生产机械化整体技术水平。

  本书研发成果是在"国家现代农业甘薯产业技术体系""中国农业科学院科技创新工程""江苏省农机研发制造推广应用一体化试点专项"等专项资金资助下完成的，在撰写过程中得到了团队成员彭宝良研究员、沈公威同学、鲍国丞同学等同志的帮助，在此，一并致以衷心感谢！

  我国菜用甘薯生产机械化整体来说正处于起步发展阶段，不少环节作业机具虽实现了从无到有，但从有到好、从好到优、从优到全还有很长的路要走，本书研究提出的典型机具、结构参数、技术模式等希望能够抛砖引玉，启发大家研究出更多、更好的科研成果。

  限于作者水平，书中疏漏和不妥之处在所难免，恳请读者不吝赐教、批评指正，以期在后续科研工作中不断完善提升。

著 者<br>
2024 年 10 月

# 目 录

1 概述 ·················································································· 1
   1.1 中国菜用甘薯产业概况 ····················································· 1
   1.2 中国菜用甘薯种植农艺要求 ·············································· 2

2 叶菜收获机械研究现状及发展展望 ············································ 3
   2.1 国外叶菜收获机械研究现状 ·············································· 3
   2.2 国内叶菜收获机械研究现状 ·············································· 5
   2.3 我国叶菜收获机械发展展望 ·············································· 9

3 控制系统方案设计 ······························································ 11
   3.1 整机结构与技术参数 ····················································· 11
   3.2 控制系统的主要功能与要求 ············································· 12
   3.3 控制系统总体方案设计 ·················································· 13

4 行走速度自动调节控制系统设计与试验 ····································· 18
   4.1 行走速度自动控制系统组成 ············································· 18
   4.2 行走驱动系统模型 ························································ 19
   4.3 控制策略建立 ······························································ 21
   4.4 控制模型建立及仿真 ····················································· 26
   4.5 基于模糊 PID 的 4UM-120D 型电动薯尖叶菜多用途收获机行走速度自动控制系统设计 ············································· 34
   4.6 研究结论 ···································································· 40

5 自动卸筐和补筐控制系统设计与仿真试验 ································· 42
   5.1 自动卸筐和补筐控制工作原理 ·········································· 42
   5.2 自动卸筐和补筐控制系统组成 ·········································· 43
   5.3 控制策略建立 ······························································ 43
   5.4 控制策略台架仿真试验 ·················································· 45

5.5 研究结论 ································································· 49

## 6 割刀离地高度自动调控系统设计与仿真试验 ················· 50
6.1 割刀离地高度自动调控系统组成与控制原理 ················ 50
6.2 割刀离地高度调节系统模型 ······································· 51
6.3 控制策略建立 ························································· 54
6.4 控制模型建立及仿真 ················································ 55
6.5 研究结论 ································································ 62

## 7 系统硬件总体结构及软硬件设计 ································· 63
7.1 硬件系统总体结构设计 ············································· 63
7.2 系统硬件选型 ························································· 63
7.3 S7-200 SMART PLC 硬件设备组态 ····························· 73
7.4 触摸屏通信配置 ······················································ 78
7.5 S7-200 SMART PLC 程序设计 ··································· 78
7.6 人机交互界面程序设计 ············································· 80
7.7 研究结论 ································································ 83

## 8 系统性能试验 ······························································· 84
8.1 行走速度自动控制田间试验 ······································· 84
8.2 回归方程准确性验证试验 ·········································· 86
8.3 割刀离地高度自动调控田间试验 ································ 87
8.4 研究结论 ································································ 89

## 9 总结与展望 ································································· 90
9.1 研究结论 ································································ 90
9.2 存在问题 ································································ 91
9.3 研究展望 ································································ 91

**参考文献** ········································································· 93

# 1 概 述

## 1.1 中国菜用甘薯产业概况

甘薯属旋花科甘薯属，一年生或多年生蔓生草本，又称山芋、番薯等。甘薯除块根，其薯叶、茎尖都有很高的利用价值。在中国、日本、韩国等国家会将甘薯的茎尖用作蔬菜，俗称"苕叶尖"。甘薯茎尖不仅营养丰富，而且还具有较高的医疗保健作用，被人们誉为"蔬菜皇后""长寿蔬菜"等，在市场上颇受欢迎。通常将以茎叶及茎尖为原料进行食用的甘薯类型称为菜用甘薯，这种茎尖也就称为菜用茎尖。

20世纪末，随着人们对营养保健蔬菜要求的不断提高，国内外一些科研单位对菜用甘薯的育种和开发利用等进行了研究，取得了较大的进展，为甘薯综合利用开辟了新的途径。

近年来，我国陆续培育出一些口感好、品质优的菜用甘薯新品种，并进行配套栽培技术的研究和初步推广应用，在福建、广东、湖北、浙江等省，菜用甘薯产业已初具规模。由于菜用茎尖味甘、质滑、可口，适合大多数人的口味，从而广受欢迎，所以其销售价格也相当可观。以浙江省为例，其年效益高达22.5万元/$hm^2$，经济效益显著，所以种植前景非常广阔。

菜用甘薯规模化生产的主要生产作业环节有整地、播种、田间管理以及收获等，其中，收获是耗费工时较多并且劳动强度较大的环节。目前甘薯菜用茎尖的采收大多是使用人工采收，为保证收获茎尖的脆嫩度，在采收过程中对于采收长度以及切口均有具体要求。从而使茎尖采收难度大、用工多、收获成本高、综合效益不高问题突出，严重影响农民种植积极性。若采用甘薯菜用茎尖收获装备，实现机械化、智能化收获，能有效保证收获质量，降低用工成本，提高生产效率。

## 1.2　中国菜用甘薯种植农艺要求

菜用甘薯的栽培方式因地而异，具体可以从三个方面来介绍。种植时间方面，福建、广东、浙江在3—8月均有种植，黄淮地区一般在5—6月种植；栽培密度方面，目前还没有统一标准，但是国家区域试验要求株距20cm、行距30cm以上；采收时间方面，因地区不同，一般在定植20～45d后采收，每隔7～10d采收1次，整个采收期可达6个月以上。

其中，采收是整个栽培过程中农艺要求比较高的一个环节。目前通常采用人工采收，采收时掐取顶尖的嫩梢即可食用，一般在植株达40cm高时，即可陆续采收嫩梢和嫩叶，采收过程中有两点要求：第一，采收的茎尖长度一般为10cm，收获的嫩叶要带叶柄，采收时使用剪刀剪，尽量不用手掐，以防感染病害；第二，由于菜薯产品为幼嫩茎叶，含水量大，易失水萎蔫，要保持较高的产品档次，就要及时采收。但是现有的采收方式并不能完全满足这两点要求，人工采收无法保证不伤到茎尖，人工采收受到的制约因素也很多，不能保证稳定的采收速度。因此，用机械采收茎尖就变得尤为重要，用机械采收可保障采收农艺要求，保证收获质量，可以保证准确高效的采收速度，并且也能大大降低劳动成本。

# 2 叶菜收获机械研究现状及发展展望

## 2.1 国外叶菜收获机械研究现状

发达国家较早就开始了对叶菜收获机械进行研究，并运用传感器、机器视觉及自动化控制等技术，收获作业机械化程度大幅提高，智能化技术相对成熟。目前，部分国家及地区已实现叶菜机械化及智能化收获，如美国、意大利、日本、韩国等。

美国 Ortomec 农业装备公司研制出一款叶菜收获机，该机主要包括切割装置、输送装置、切割高度自动调节装置及收集装置等。采用基于光电传感器的切割高度自动调节装置，光电传感器测量出叶菜实际生长高度，然后转化成相应脉冲信号输出。主控制器接收输出脉冲信号，控制切割装置自动调节切割高度，但该机以柴油发动机为动力，会对环境造成一定污染。

意大利 HORTECH 公司研制的 SLIDE TW 型自走式叶菜收获机，如图 2.1 所示。该机装配一种波纹夹持输送带，可夹持输送切割后的叶菜到后端进行二次有序人工捆扎，适用于需有序收获的叶菜，缺点是机具研制复杂，难以推广，无法满足小农户的生产需求；SLIDE FW 型自走式叶菜收获机装备有液压辅助转向和电动临时停止装置，如图 2.2 所示。该机临时停止恢复后能够以相同速度行走，切割高度由传感器检测，可通过液压控制装置自动调节；SLIDE VALERIANA 型自走式叶菜收获机配有除土振动器，可有效去除黏附在叶菜上的黏土，使后端收集到的叶菜更干净，该机适用于收获幼叶叶菜，如图 2.3 所示。

图 2.1　SLIDE TW 型自走式叶菜收获机

图 2.2　SLIDE FW 型自走式叶菜收获机

图 2.3　SLIDE VALERIANA 型自走式叶菜收获机

　　日本第二产业株式会社研制的 TC110E 型自走式叶菜收获机,如图 2.4 所示,该机主要由自走式底盘、往复式双动割刀、气流输送机构和收集袋等组成,切割作业时,由于割刀与叶菜无刚性接触,可确保叶菜留茬切口基本一致,收获质量较高,其优点是割刀高度调节范围大,通用性高,能够采收包括甘薯茎尖在内的多种茎叶类叶菜。

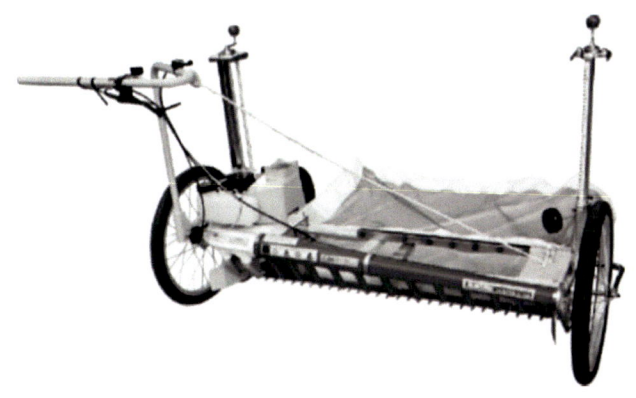

图 2.4　日本第二产业株式会社研制的 TC110E 型自走式叶菜收获机

## 2.2　国内叶菜收获机械研究现状

目前我国虽为叶菜生产及消费大国，但叶菜收获机械相关研究还处于起步初期阶段，且发展进程缓慢，实际田间收获作业时仍以人力劳动为主。大多数叶菜收获机械尚处于理论初步研究、样机试验阶段，集中在装置设计、结构仿真优化等方面，智能化技术程度较低。

农业农村部南京农业机械化研究所王公仆等研发的 4UM-100 型叶菜收获机，如图 2.5 所示。该机适用于采收甘薯茎尖、小青菜和鸡毛菜等茎秆类叶菜，其优点在于：电机驱动、无污染；往复式双动割刀切割，切口平整；切割、拨禾、输送和行走均由独立电机控制，操作方便，缺点是整个收获过程有序性较差。4UM-120D 型电动叶菜收获机装配 1.2m 帆布式输送带及 48V 直流电机行走驱动系统，如图 2.6 所示，其割刀离地高度可调，直立生长及倒伏类茎叶类叶菜均可收获。浙江大学杜冬冬等研发了一款自走式甘蓝收获机，该机主要由引拨机构、切根机构、剥叶机构和输送机构等组成，采用单行收获，可一次完成整个甘蓝的切根、剥叶和收获作业。秦广明等研制了一款手扶式有序叶菜收获机，该机采用往复式双动割刀切割叶菜，利用切割后叶菜之间形成的推挤力将叶菜推送至两根振动杆上，两根振动杆上下交替振动，既可清除叶菜表面杂质，又能保证叶菜输送的有序性。南京农业大学施印炎等研发了一款自走式芦蒿收获机，如图 2.7 所示。该机通过夹持输送机构将切割后的芦蒿有序输送到转向机构,通过转向机构将芦蒿由垂直输送转为水平输送,经二级输送带作用将芦蒿有序输送到后端收集筐中,实现芦蒿整个切割、输送和收获过程的有序性。

图 2.5 农业农村部南京农业机械化研究所的 4UM-100 型叶菜收获机

图 2.6 4UM-120D 型电动叶菜收获机

# 2 叶菜收获机械研究现状及发展展望

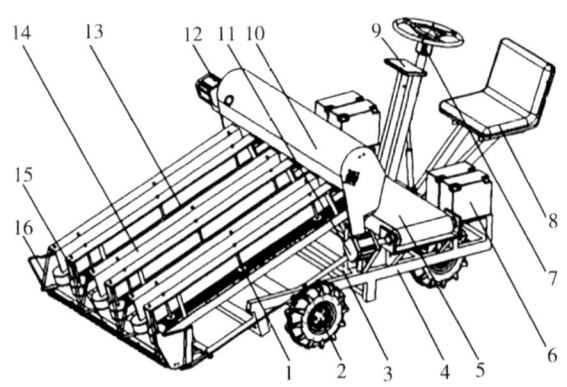

1—张紧装置；2—行走系统；3—电动推杆；4—底盘；5—卧式输送装置；6—蓄电池；7—方向盘；8—座椅；9—控制面板；10—减速机构；11—第一电动机；12—第二电动机；13—夹持输送带；14—输送通道；15—切割装置；16—拨禾装置。

**图 2.7　自走式芦蒿收获机**

近年来，我国蔬菜收获机械发展较快，智能化技术水平也有一定程度提高。我国蔬菜收获机主要控制元件及系统研究集中在收割装置离地高度智能检测及自动调节控制系统、自动对行智能调控系统以及作业速度智能调控系统方面。

在收割装置离地高度检测及自动调节控制系统研究方面，张健等研制了一种自动控制系统，该控制系统采用超声波传感器检测切割装置离地高度，检测信号产生输入主控制器，经主控制器处理，输出相应数量的脉冲信号，控制直流驱动电机、电动液压缸等执行机构自动调节切割装置离地高度，使割刀离地高度一直维持在设定值，该系统能依据种植叶菜地面实际高低情况自动调节收获机切割装置离地高度；伍渊远等基于机器视觉设计了一种采集叶菜采收机割台离地高度及导航参数相关信息的相关方案，进一步提升收获机智能化科技水平，不足点是耗费时间长、成本高，不适于大面积推广应用；李涛等研制了 4UGS2 型牵引式双行甘薯收获机，如图 2.8 所示，该机配备一种自动快速调节挖掘深度控制系统，收获甘薯时挖掘铲挖掘深度可按照垄面实际状况自动调节。

图 2.8　4UGS2 型牵引式双行甘薯收获机

目前，国内研究蔬菜收获机自动对行控制智能系统，多集中在玉米、根茎类作物收获机，如张凯良等以 4YL-6 型玉米收获机为研究目标对象，研制出一种自动对行控制系统，该系统以纯追踪模型作为路径跟踪控制数学模型，利用模糊 PID（Proportional-Integral-Derivative）控制策略自动调整转向轮偏转角及纯追踪模型前视距离，并进行田间试验。陈刚等以 4YZP-4D 型玉米收获机为研究目标，研发出一种方向自校正控制系统以实现自动对行功能，该系统采用 PID 控制策略，通过主控制器输出脉冲信号带动电机等执行部件运动实现收获机自动对行。王申莹等以甜菜收获机为研究对象，研制出一种自动对行探测机构，以自动对行探测机构复位弹簧刚度、预紧力及作业行走速度为试验因素，以角度传感器输出的角速度为主要评价指标，进行多因素多水平正交试验，并进行田间验证试验。高飞杨等研发了一种以角度传感器作为输入信号源的对行检测装置，该装置把角度偏移量作为输入信号，主控制器输出相应数量及频率的脉冲信号带动偏移执行机构运动，实现自动对行控制。杨然兵等对根茎类作物收获机自动对行系统进行研究分析，该系统使用弹性挡条，根据挡条角位移进行对行校正。缪鹏等对叶菜收获机自动对行控制进行相关研究，采用模糊 PID 控制策略，以 PLC（可编程自动化控制器）为主控制器，研制出一种"球型"自动对行探测机构及自动对行控制系统，如图 2.9 所示，该系统自动对行稳定性好、精度高、响应速度快。

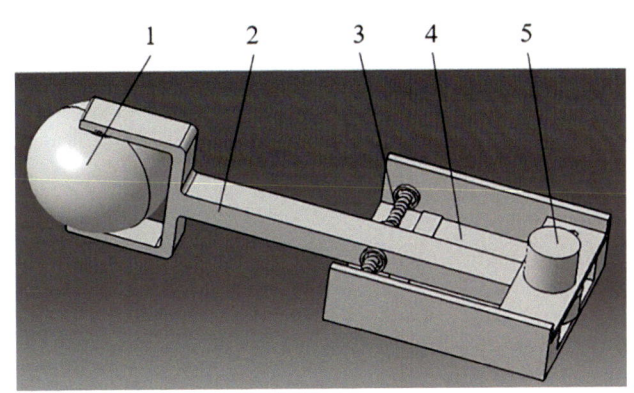

1—空心球；2—探测杆；3—回位弹簧；4—角度传感器；5—基座（壳体）总成。

图 2.9　探测机构结构示意图

## 2.3　我国叶菜收获机械发展展望

目前，我国大部分叶菜收获机仍处于理论研究和样机试验阶段。虽然对国外叶菜收获机的相关研究正在不断进行，但在此基础上开发的一些叶菜收获机只能在一定程度上满足我国叶菜收获作业的需要，要开发出真正符合我国叶菜生产实际情况的收获机，应着重从以下五个方面进行。

### 2.3.1　叶菜类蔬菜物理特性的研究

对叶菜物理特性的研究是叶菜收获机研发的重要环节。通过对叶菜类蔬菜的几何形状、根茎和叶片的物理特性的研究，可以为叶菜类蔬菜收获机的研发和关键部件参数的设定提供理论依据。

### 2.3.2　提高农机农艺一体化程度

在现代农业的发展中，农业机械化的实现越来越离不开农学的支持。农业机械和农学相辅相成，共同服务于农业生产的整体效率和农业收获机械的发展。通过相关学科专家的定期交流和合作研究，培育适合机械化收获的叶菜品种，发展符合机械化收获的叶菜栽培模式，开发与农学相结合的叶菜收获机械。

### 2.3.3 优化机械机构

叶菜收获机最大的市场是农民。对于农民来说，有必要最大限度地降低制造成本。在满足机械性能的前提下，结构简单、紧凑、通用性好的机型往往能更好地满足广大市场需求。同时，优化理论的完善和 CAD/CAE 软件的应用为机械运动仿真提供了理论支持和技术平台，从而达到优化机械机构的目的。

### 2.3.4 提高收获机械的通用性

在目前的种植模式下，使用通用性差的收获机械会增加叶菜生产成本，限制叶菜收获机械的普及。通过更换部分部件或调整自动控制系统的工作参数，找出不同种类叶菜的共性，设计合理的结构，实现一机多用，从而提高叶菜收获机械的通用性。

### 2.3.5 提高收获机械的智能化技术水平

随着自动控制技术的快速发展，机械系统和控制系统的结合将进一步提高收获机械的可操作性、便捷性和智能化技术水平。我国叶菜收获机控制部件和系统的研究主要集中在割刀高度自动调节控制系统上，该系统可以根据地面条件和叶菜生长情况自动调节割刀高度，从而实现叶菜收获一致性的上市要求。

# 3 控制系统方案设计

## 3.1 整机结构与技术参数

4UM-120D 型电动薯尖叶菜多用途收获机主要由切割机构、拨禾机构、割刀高度调节装置、输送机构、控制箱、48V 锂电池、差速器、减速器、行走驱动电机、操控面板、挡位切换转把、刹车转把、车轮等构成,其基本结构如图 3.1 所示。其中,割刀高度调节装置由电动推杆和滑轨组成。整机结构以及技术参数如表 3.1 所示。

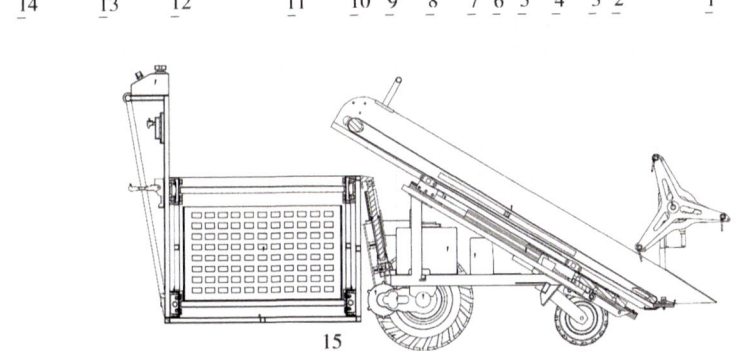

1—往复式双动割刀;2—拨禾机构;3—滑轨;4—电动推杆;5—输送机构;
6—控制箱;7—48V 锂电池;8—差速器;9—减速器;10—行走驱动电机;
11—收集筐;12—操控面板;13—挡位切换转把;14—刹车转把;15—车轮。

图 3.1 4UM-120D 型电动薯尖叶菜多用途收获机结构简图

表 3.1　4UM-120D 型电动薯尖叶菜多用途收获机结构及技术参数

| 参数 | 数值 |
| --- | --- |
| 整机尺寸（长×宽×高）（mm×mm×mm） | 2180×1500×1200 |
| 电池容量（Ah） | 50 |
| 作业幅宽（mm） | 1200 |
| 割刀高度调节范围（mm） | 0～100 |
| 输送带宽度（mm） | 1200 |
| 输送带安装倾角（°） | 30 |
| 轮距（mm） | 550 |
| 车轮半径（mm） | 175 |
| 最小离地间隙（mm） | 70（割刀高度调为最高时） |
| 生产率（hm$^2$/h） | 0.04～0.08 |

## 3.2　控制系统的主要功能与要求

电动薯尖叶菜多用途收获机作业时，往复式双动割刀经直流无刷电机驱动以一定速度切割，割刀高度调节装置使割刀离地高度在合理薯尖留茬高度范围内，被切割的薯尖先通过拨禾轮拨送至输送机构，再由输送机构输送至后端出料口，最后用收集筐兜住出料口完成集菜作业。在人机交互界面（触摸屏）上，需要实时显示各种工作部件的参数，如拨禾轮电机的转速、割刀电机的转速、输送带电机的转速、收获机行走速度等，在自动控制模式下，割刀离地高度自动调控系统根据垄面（畦面）高低状况不断调节割刀离地高度，使其维持在设定薯尖留茬高度的±2%范围内，并通过整机行走驱动电机转速传感器反馈信号，实时调节收获机行走速度，使其维持在设定值的±2%范围内，同时自动卸筐和补筐控制系统配合行走速度自动控制系统，可以实现不停机自动卸筐和补筐，自动控制系统功能主要包括以下 5 点。

（1）工作模式选择。自动控制系统包含手动模式和自动模式，操作人员可以根据实际需求选择模式，打开自动模式后，可以根据实际工况选择开启或关闭行走速度自动控制功能、割刀离地高度自动调控功能以及自动卸筐和补筐控制功能，这种模式主要用于收获作业中，手动模式则主要用于将收获机转换至收获作业状态。

（2）行走速度自动控制。此系统通过实时采集收获机行走驱动电机的转速，将转速值转换为行走速度值，其转速值与行走速度值之间的关系遵循线性关系：行走速度（m/min）=转速（r/min）×3.14×车轮直径（m），系统还通过将实际的行走速度值和设定的行走速度值进行对比，计算出误差值和误差变化率值，对行走速度进行实时调节，以使其保持在设定值的±2%范围内。

（3）割刀离地高度自动调控。此系统主要功能是实时采集收获机作业过程中割刀离地高度，对比实际割刀离地高度值与设定的叶菜留茬高度值，计算误差，并根据误差值实时调节割刀离地高度，以使其保持在设定薯尖留茬高度的±2%范围内。

（4）自动卸筐和补筐控制。此系统主要功能是实现不停机循环自动卸掉达到预期仓位的收集筐和补充空收集筐。

（5）收获机工作参数显示。在电动薯尖叶菜多用途收获机运行过程中各驱动电机的速度信息和运行状态可实时显示在人机交互界面（触摸屏）上，并可存储各驱动电机的速度数据，以供后期分析和研究。

## 3.3　控制系统总体方案设计

电动薯尖叶菜多用途收获机自动控制系统总体方案如图3.2所示。系统控制框架如图3.3所示，主要包含人机交互界面、PLC控制器模块、执行模块、检测模块和报警模块等。

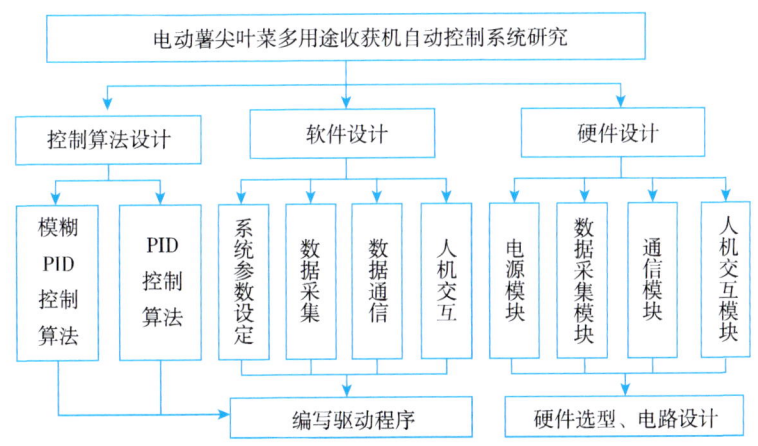

**图 3.2　自动控制系统总体方案**

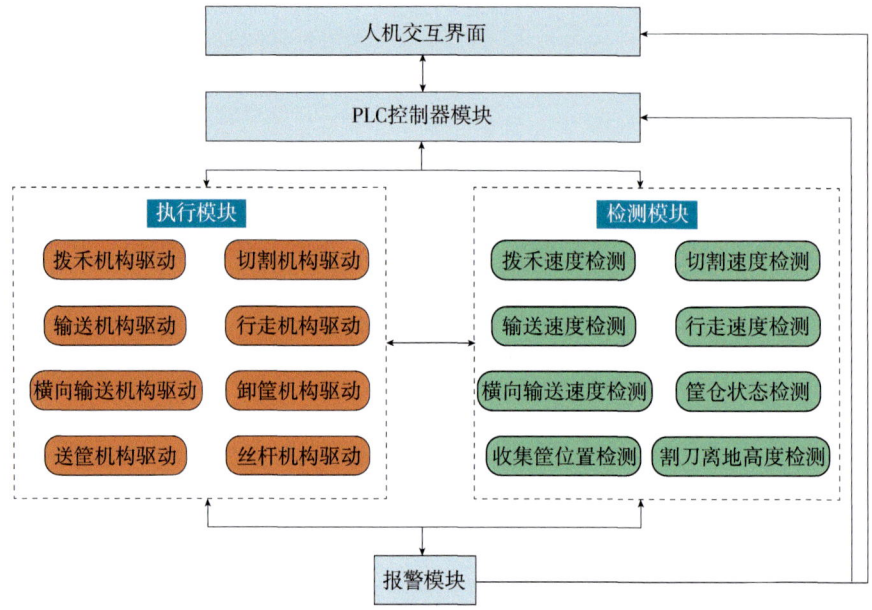

图 3.3　系统控制框架

硬件部分的设计工作主要包括：元器件选型、电路设计与系统连接搭建等，软件部分的设计工作主要包括：基于模糊 PID 的行走速度自动控制算法程序设计、基于增量式 PID 的割刀离地高度自动调控算法程序设计、自动卸筐和补筐控制程序设计、数据采集程序设计、人机交互界面程序设计、拨禾轮、割刀、输送带、行走等驱动电机通信程序设计等。

### 3.3.1　行走速度自动控制方案设计

在叶菜收获过程中，收获机负载随收集筐叶菜增多而增大，在不增加动力输出条件下，行走速度会相应下降；若叶菜种植垄面（畦面）不符合农艺要求，收获机爬坡、过坎收获时行走速度也会有所降低，上述情况都需人工进行调速，但人工调速存在不精确、易调大等问题，行走速度调整过大会导致漏割区增大，降低收获效率。然而，在实际收获作业时，操作人员的专业能力相对较低，很难确保叶菜收获机能够长时间保持稳定的工作状态，导致收获机行走速度过慢、过快等情况时有发生，这些问题不仅会增加操作人员的工作强度，同时也会对叶菜的收获效率和质量产生重大影响。因此需要设计一种行走速度自动控制系统,使行走速度维持在设定值的±2%范围内,以保证收获质量和效率及减轻操作人员工作强度。

本系统中的控制对象是直流无刷电机,它是一个复杂的多变量系统,具有强耦合、非线性和时变的特点,传统的PID控制策略难以满足控制系统高性能、高精度的要求,以研发的4UM-120D型电动薯尖叶菜多用途收获机为研究对象,通过在MATLAB中建立收获机行走驱动电机机械方程和电气方程数学模型,详细研究行走驱动电机的模糊PID与滑模控制策略的工作原理,并在此基础上提出了基于模糊PID及滑模的行走驱动电机控制策略。

基于模糊PID的行走速度自动控制系统控制流程如图3.4所示,模糊PID控制原理如图3.5所示。触摸屏中输入设定行走速度,霍尔转速传感器实时测量行走电机转速,PLC对行走速度当前值和设定值进行求差,得出偏差量,经模糊PID控制算法计算得到行走电机两端母线电压值,行走电机根据两端母线电压大小调节转速,实现行走速度自动控制功能。

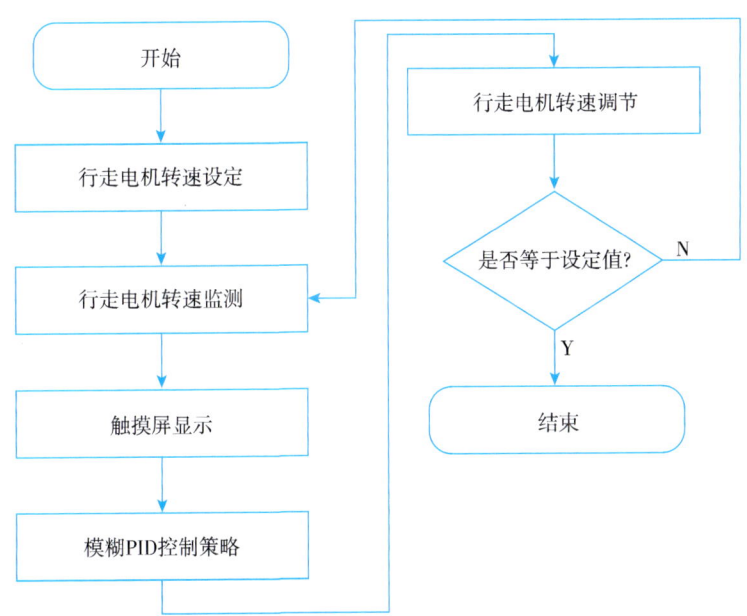

图3.4  基于模糊PID的行走速度自动控制系统控制流程

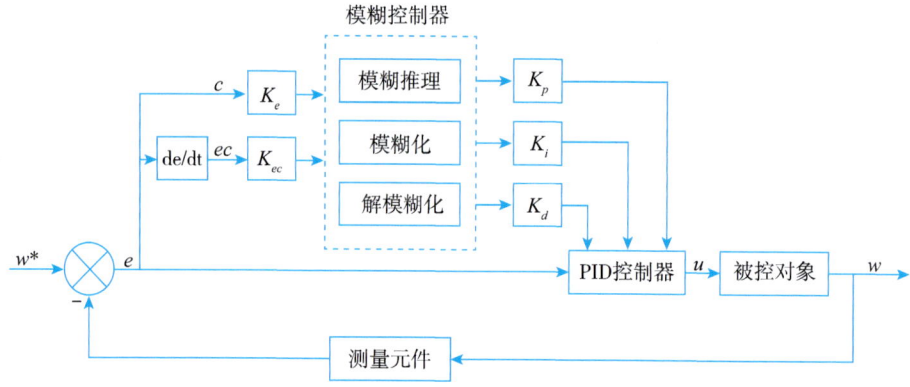

$w^*$—角速度设定值；$w$—角速度实际输出值；$K_p$—比例系数；$K_i$—积分系数；$K_d$—微分系数；$e$—角速度设定值与实际输出值之差，即角速度误差；$ec$—角加速度误差；$K_e$—角速度误差系数；$K_{ec}$—角加速度误差系数。

图 3.5　模糊 PID 控制原理

### 3.3.2　割刀离地高度自动调控方案设计

目前国内薯尖收获机大多数都是收获前根据薯尖留茬高度人工调节好割刀离地高度，无法根据垄面（畦面）高低状况自动调节割刀离地高度，若垄面（畦面）高低有变化，会导致薯尖留茬高度不一致，影响薯尖收获质量。因此本方案将设计一种割刀离地高度自动调控系统，使割刀离地高度维持在设定薯尖留茬高度的 ±2% 范围内，以提升收获质量。

本系统中的控制对象步进电机是一种可由电脉冲控制运动的特殊系统，用传统的位置式 PID 控制策略会产生较大累积误差，难以达到控制系统准确性好、精度高的要求，以研发的 4UM-120D 型电动薯尖叶菜多用途收获机为研究对象，通过在 MATLAB 中建立两相混合式步进电机电气方程和机械方程数学模型，深入研究割刀离地高度调节电机增量式 PID 控制的原理，并在此基础上提出基于增量式 PID 的割刀离地高度调节电机控制方案。

### 3.3.3　自动卸筐和补筐控制方案设计

目前，国内薯尖收获机收获作业时，大多为人工卸收集筐和补收集筐，且人工卸筐和补筐时需停机作业，根据实际收获情况来看，人工卸筐和补筐一次平均周期约为15s,在这15s内机器需停机,严重影响了收获效率,同时增加了操作人员工作强度。本方案将设计一种基于光电传感器和压力传感器协同检测的自动卸筐和补筐控制系统,可以准确识别出收集筐是否装满、满筐是否已卸和空筐是否已补充到位,极大降低误判断与误动作概率,配合行走速度自动控制系统,实现不停机自动卸筐和补筐,从而极大提高收获效率和降低人工劳动强度。

# 4 行走速度自动调节控制系统设计与试验

## 4.1 行走速度自动控制系统组成

行走速度自动控制系统以研发的 4UM-120D 型电动薯尖叶菜多用途收获机为平台，由触摸屏、PLC、行走电机及其驱动器、霍尔转速传感器等组成，如图 4.1 所示。系统程序流程如图 4.2 所示，主要完成行走速度测量、显示和控制功能等。触摸屏中输入设定行走速度，霍尔转速传感器实时测量行走电机转速，PLC 对行走速度当前值和设定值进行求差，得出偏差量，经不同控制策略计算得到行走电机两端母线电压值，行走电机根据两端母线电压大小调节转速，实现行走速度自动控制功能。

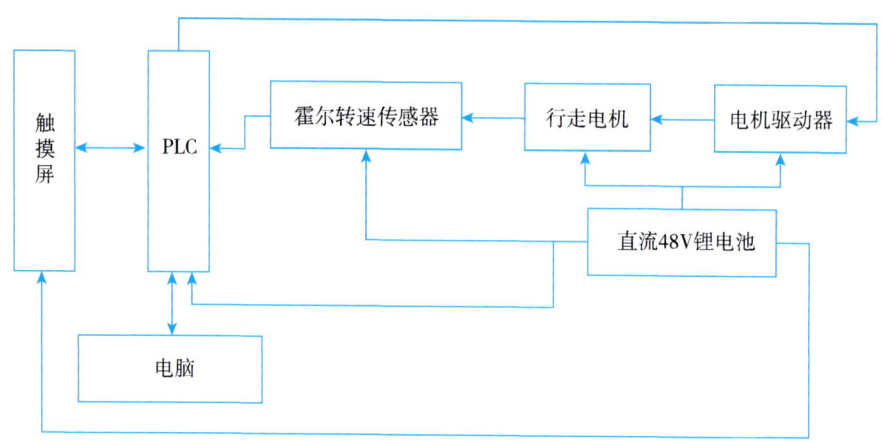

图 4.1 行走速度自动控制系统

# 4 行走速度自动调节控制系统设计与试验

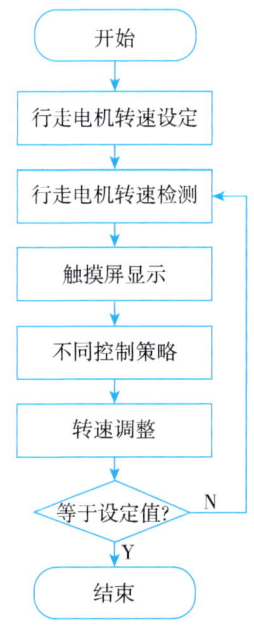

图 4.2　行走速度自动控制程序流程

## 4.2　行走驱动系统模型

### 4.2.1　行走驱动电机模型

4UM-120D 型电动薯尖叶菜多用途收获机行走驱动电机采用直流无刷电机，通过改变电机驱动器输出电压来控制电机输入电压，从而调节电机角速度，因此对直流无刷电机进行建模，得出其输出角速度与输入电压之间的传递函数。直流无刷电机主要由主定子、主转子、电子开关线路、位置传感器 4 部分组成。为简化分析，以三相两极永磁直流无刷电机为例。电机定子三相绕组电压平衡方程如式（4.1）所示，定子三相绕组产生的电磁转矩如式（4.2）所示，转子运动方程如式（4.3）所示。

$$\begin{bmatrix} U_A \\ U_B \\ U_C \end{bmatrix} = \begin{bmatrix} R_A & 0 & 0 \\ 0 & R_B & 0 \\ 0 & 0 & R_C \end{bmatrix} \begin{bmatrix} i_A \\ i_B \\ i_C \end{bmatrix} + \begin{bmatrix} L_A & L_{AB} & L_{AC} \\ L_{BA} & L_B & L_{BC} \\ L_{CA} & L_{CB} & L_C \end{bmatrix} P \begin{bmatrix} i_A \\ i_B \\ i_C \end{bmatrix} + \begin{bmatrix} e_A \\ e_B \\ e_C \end{bmatrix} \quad (4.1)$$

$$T_e = \frac{e_A i_A + e_B i_B + e_C i_C}{w} \quad (4.2)$$

$$T_e - T_L - B_v w = J\frac{dw}{dt} \quad (4.3)$$

式中，$U_A$，$U_B$，$U_C$ 为电机定子三相绕组电压（V）；$R_A$，$R_B$，$R_C$ 为电机定子三相绕组电阻（Ω）；$e_A$，$e_B$，$e_C$ 为电机定子三相绕组反电动势（V）；$i_A$，$i_B$，$i_C$ 为电机定子三相绕组电流（A）；$L_A$，$L_B$，$L_C$ 为电机定子三相绕组自感（H）；$L_{AB}$，$L_{AC}$，$L_{BA}$，$L_{BC}$，$L_{CA}$，$L_{CB}$ 为电机定子三相绕组之间的互感（H）；$P$ 为微分算子；$T_e$ 为电磁转矩（N·m）；$T_L$ 为负载转矩（N·m）；$J$ 为电机转子转动惯量（kg·m²）；$w$ 为电机角速度（rad/s）；$B_v$ 为黏滞摩擦系数（N·m·s）。

直流无刷电机通过其两端直流母线电压大小调节电机角速度，即直流无刷电机模型传递函数的输入是其两端母线电压，输出是电机角速度，以三相全桥驱动、两两导通方式为例，先不考虑负载的情况，传递函数为：

$$G_1(s) = \frac{w(s)}{U_d(s)} = \frac{K_T}{L_A J s^2 + (R_A J + L_A B_v)s + (R_A B_v + K_e K_T)} \quad (4.4)$$

式中，$G_1(s)$ 为直流无刷电机两端母线电压与电机角速度之间的传递函数；$w(s)$ 为电机角速度（rad/s）；$U_d(s)$ 为电机两端母线电压（V）；$K_T$ 为电磁转矩系数（N·m/A）；$K_e$ 为反电势系数（V·s/rad）。

### 4.2.2 传动系统模型

收获机传动系统由行走驱动电机、减速器、车轮等组成，传动路径为行走驱动电机－减速器－车轮，车轮线速度与行走电机转速之间的传递函数为：

$$G_2(s) = \frac{v(s)}{n(s)} = \frac{2\pi r}{i} \quad (4.5)$$

式中，$v(s)$ 为车轮线速度（m/s）；$n(s)$ 为行走电机转速（r/s）；$r$ 为车轮半径（m）；$i$ 为减速比。

在 Simulink 中搭建收获机行走驱动系统模型，如图 4.3 所示。

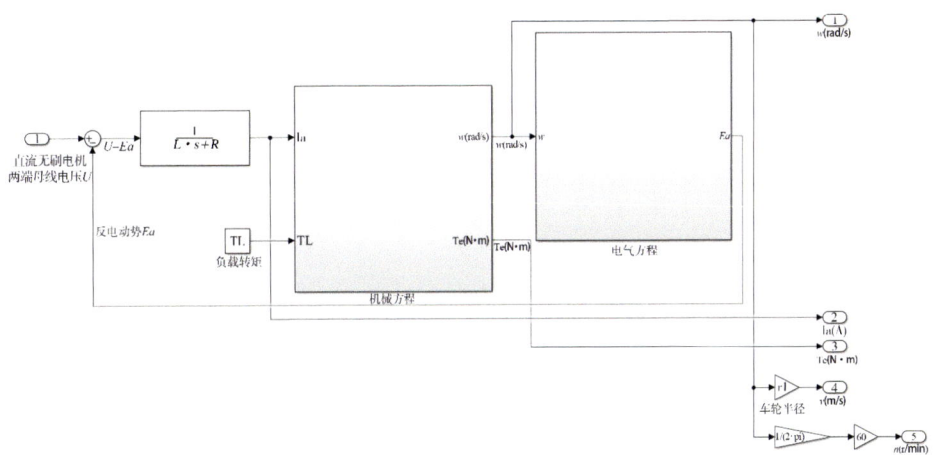

图 4.3　行走驱动系统模型

## 4.3　控制策略建立

### 4.3.1　PID 控制策略建立

直流无刷电机 PID 控制就是先对电机转速设定值和实际输出值作差，形成转速误差，然后将转速误差分别乘以比例、积分和微分系数，三者相加构成控制量，再将控制量作用于直流无刷电机来调节转速，使其符合设定值，PID 控制原理如图 4.4 所示。

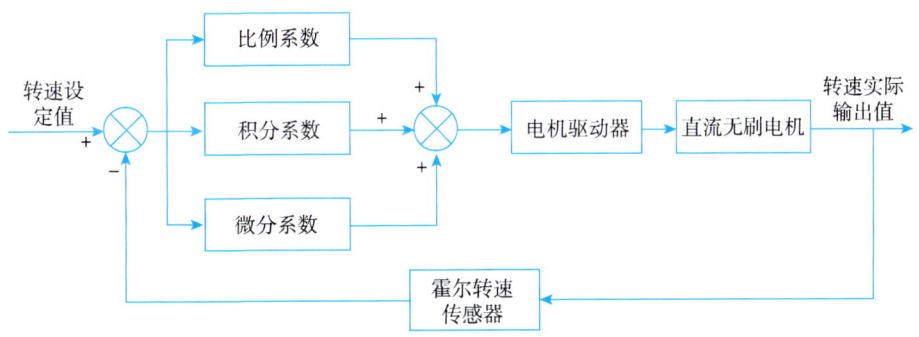

图 4.4　PID 控制原理

### 4.3.2　模糊 PID 控制策略建立

根据行走速度变化量 $e$ 及其变化率 $ec$，采用模糊 PID 算法调节直流无刷电机两端母线电压。行走速度变化量基本论域为 [–30，30]，模糊论域为 [–3，3]，量化等级为 { 负大，负中，负小，零，正小，正中，正大 }={NB，NM，NS，ZO，PS，PM，PB}；其变化率基本论域为 [–0.3，0.3]，模糊论域为 [–3，3]，量化等级为 { 负大，负中，负小，零，正小，正中，正大 }={NB，NM，NS，ZO，PS，PM，PB}，模糊控制器输出变量 $K_p$ 基本论域为 [–0.3，0.3]，模糊论域为 [–3，3]，量化等级为 { 负大，负中，负小，零，正小，正中，正大 }={NB，NM，NS，ZO，PS，PM，PB}；输出变量 $K_i$ 基本论域为 [–0.6，0.6]，模糊论域为 [–3，3]，量化等级为 { 负大，负中，负小，零，正小，正中，正大 }={NB，NM，NS，ZO，PS，PM，PB}。输入变量 e 和 ec 所对应的隶属度函数曲线如图 4.5 所示，输出变量 $K_p$ 和 $K_i$ 所对应的隶属度函数曲线如图 4.6 所示。

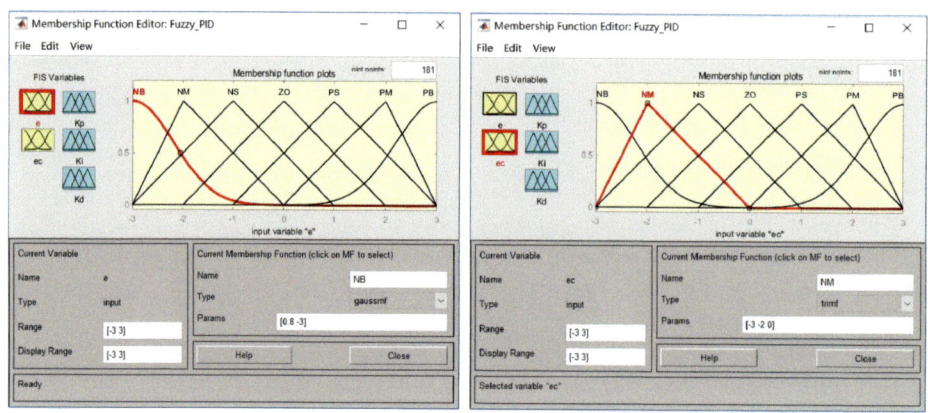

图 4.5　输入变量隶属度函数曲线

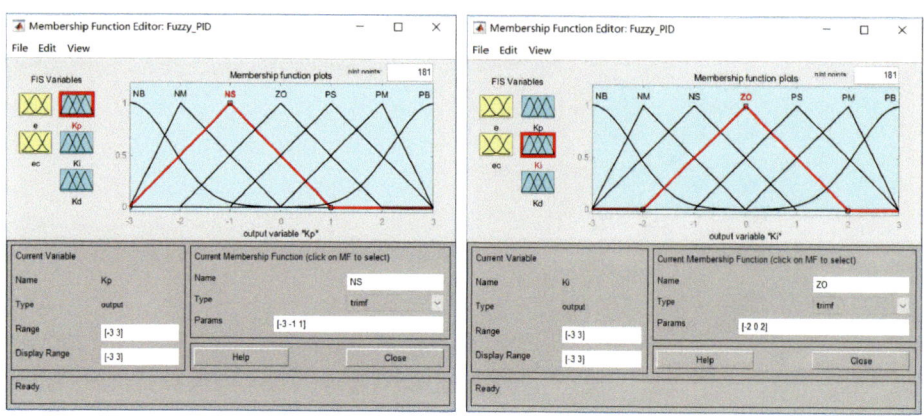

图 4.6　输出变量隶属度函数曲线

# 4 行走速度自动调节控制系统设计与试验

假设行走速度偏大时 $e$ 为正值，反之，行走速度偏小时 $e$ 为负值。$K_p$、$K_i$ 规则曲面如图 4.7、图 4.8 所示，$K_p$、$K_i$ 模糊规则表如表 4.1、表 4.2 所示。

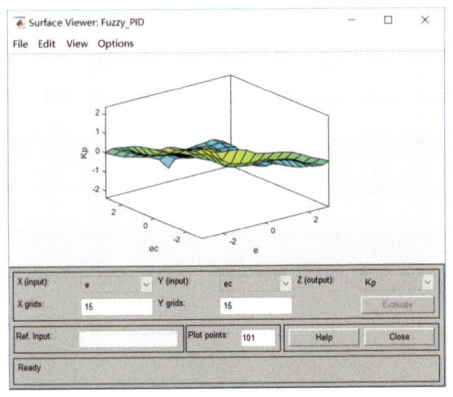

图 4.7　$K_p$ 规则曲面　　　　　　图 4.8　$K_i$ 规则曲面

表 4.1　$K_p$ 模糊控制规则

| $e$ | ec | | | | | | |
|---|---|---|---|---|---|---|---|
| | NB | NM | NS | ZO | PS | PM | PB |
| NB | PB | PB | PM | PM | PS | PS | ZO |
| NM | PB | PB | PM | PM | PS | ZO | ZO |
| NS | PM | PM | PM | PS | ZO | NS | NM |
| ZO | PM | PS | NS | ZO | NS | NM | NM |
| PS | PS | PS | ZO | NS | NS | NM | NM |
| PM | ZO | ZO | NS | NM | NM | NM | NB |
| PB | ZO | NS | NS | NM | NM | NB | NB |

表 4.2　$K_i$ 模糊控制规则

| $e$ | ec | | | | | | |
|---|---|---|---|---|---|---|---|
| | NB | NM | NS | ZO | PS | PM | PB |
| NB | NB | NB | NB | NM | NM | ZO | ZO |
| NM | NB | NB | NM | NM | NS | ZO | ZO |
| NS | NM | NM | NS | NS | ZO | PS | PS |
| ZO | NM | NS | NS | ZO | PS | PS | PM |
| PS | NS | NS | ZO | PS | PS | PM | PM |
| PM | ZO | ZO | PS | PM | PM | PB | PB |
| PB | ZO | ZO | PS | PM | PM | PB | PB |

行走速度变化量 $e$ 较大的情况：当 $e$ 为 PB 时，收获机行走速度过分偏大。若此时 $ec$ 为 PB，表明收获机行走速度继续偏大的趋势很大，则此时需要行走速度偏小的趋势非常大，需要直流无刷电机角速度充分偏小，直流无刷电机两端母线电压充分减小，$K_p$ 为 NB，$K_i$ 为 PB。反之，当 $e$ 为 NB 时，收获机行走速度过分偏小。若此时 $ec$ 为 NB，表明收获机行走速度继续偏小的趋势很大，则此时需要行走速度偏大的趋势非常大，需要直流无刷电机角速度充分偏大，直流无刷电机两端母线电压充分增大，$K_p$ 为 PB，$K_i$ 为 NB。

行走速度变化量 $e$ 较小的情况：当 $e$ 为 PS 时，收获机行走速度稍微偏大。若此时 $ec$ 为 NS，表明收获机行走速度有偏小的小趋势，则此时行走速度自身会慢慢减小，直流无刷电机角速度平缓减小，从而直流无刷电机自身两端母线电压会缓慢减小，$K_p$ 为 ZO，$K_i$ 为 ZO。反之，当 $e$ 为 NS 时，收获机行走速度稍微偏小。若此时 $ec$ 为 PS，表明收获机行走速度有偏大的小趋势，则此时行走速度自身会慢慢增大，直流无刷电机角速度平缓增大，从而直流无刷电机自身两端母线电压会缓慢增大，$K_p$ 为 ZO，$K_i$ 为 ZO。

当 $e$ 为 ZO，$ec$ 为 ZO 时，$K_p$ 为 ZO，$K_i$ 为 ZO，收获机行走速度保持在设定值 ±2% 范围内。

### 4.3.3 滑模控制策略建立

定义收获机行走驱动系统的状态变量为：

$$\begin{cases} x_1 = \omega^* - \omega \\ x_2 = \dot{x}_1 = -\dot{\omega} \end{cases} \quad (4.6)$$

式中，$\omega^*$ 为行走驱动电机角速度设定值（rad/s）；$\omega$ 为行走驱动电机角速度当前值（rad/s）。

结合直流无刷电机机械方程：$\dfrac{T_e - T_L}{J} = \dfrac{d\omega}{dt}$，得：

$$\dot{x}_1 = -\dot{\omega} = -\frac{1}{J}(T_e - T_L) = -\frac{1}{J}(K_T I_a - T_L) \quad (4.7)$$

$$\dot{x}_2 = -\ddot{\omega} = -\frac{K_T}{J}\dot{I}_a \quad (4.8)$$

式中，$x_1$ 为行走驱动电机角速度设定值与当前值之差（rad/s）；$\dot{x}_1$ 为 $x_1$ 的一阶导数（rad/s²）；$x_2$ 为 $x_1$ 的一阶导数（rad/s²）；$\dot{x}_2$ 为 $x_1$ 的二阶导数（rad/s³）；$\dot{\omega}$ 为 $\omega$ 的一阶导数（rad/s²）；$\ddot{\omega}$ 为 $\omega$ 的二阶导数（rad/s³）；$I_a$ 为行走驱动电机额定电流（A）。

令 $A = \dfrac{K_T}{J}$、$U = I_a$，则叶菜收获机行走驱动系统的状态空间为：

$$\begin{pmatrix} \dot{x}_1 \\ \dot{x}_2 \end{pmatrix} = \begin{pmatrix} 0 & 1 \\ 0 & 0 \end{pmatrix} \begin{pmatrix} x_1 \\ x_2 \end{pmatrix} + \begin{pmatrix} 0 \\ -A \end{pmatrix} \dot{U} \quad (4.9)$$

设计行走驱动系统的滑动模态面 $s$ 为：

$$s = cx_1 + x_2 \quad (4.10)$$

对 $s$ 求导，得：

$$\dot{s} = c\dot{x}_1 + \dot{x}_2 = cx_2 - A\dot{U} \quad (4.11)$$

指数趋近律法可较好保证系统的运动点快速趋近切换面的同时也能减弱系统的滑模抖振，并且求解滑动模态控制量较直接简单，其方程式如下：

$$\dot{s} = -\varepsilon sgn(s) - ks \quad (4.12)$$

式中，$sgn(s) = \begin{cases} 1, s > 0 \\ -1, s < 0 \end{cases}$，$\varepsilon$、$k$ 均是大于零的常数。

令式（4.12）中 $s > 0$，得：

$$\dot{s} = -\varepsilon - ks \quad (4.13)$$

解微分方程，得：

$$s(t) = -\dfrac{\varepsilon}{k} + \left(s_0 + \dfrac{\varepsilon}{k}\right)e^{-kt}, s_0 = s(0) \quad (4.14)$$

令 $s > 0$，$s(t) = 0$，得：

$$\dfrac{\varepsilon}{k} = \left(s_0 + \dfrac{\varepsilon}{k}\right)e^{-kt} \quad (4.15)$$

$$\ln\dfrac{\varepsilon}{k} - \ln\left(s_0 + \dfrac{\varepsilon}{k}\right) = -kt \quad (4.16)$$

解得：

$$t = \dfrac{1}{k}\left(\ln\left(s_0 + \dfrac{\varepsilon}{k}\right) - \ln\dfrac{\varepsilon}{k}\right) \quad (4.17)$$

因此，系统可在有限时间内从初始状态到达切换面，参数 $k$ 会影响系统到达切换面的时间，增大 $k$ 可减少系统调节时间，为保证系统的运动点快速趋近切换面的同时削弱抖振，应同时增大 $k$、减小 $\varepsilon$，但 $k$ 值过大会导致运动点趋近切换面的速度过大，不易降速，使其到达稳定状态时间延长，所以在实际工程应用中应将系数 $k$ 与实际系统状态变量相结合。

在求解收获机行走驱动系统滑动模态控制量 $U$ 时采用指数趋近律法，结合式（4.11）、式（4.12）得：

$$\dot{s} = -\varepsilon sgn(s) - ks = cx_2 - A\dot{U} \quad (4.18)$$

求解得滑动模态控制量 $U$ 的方程式为：

$$U = \frac{1}{A}\int (cx_2 + \varepsilon sgn(s) + ks)dt \quad (4.19)$$

为验证行走驱动系统的运动点到达滑动模态面后是否稳定，选取李雅普诺夫函数 $V = \frac{1}{2}s^2$，根据李雅普诺夫稳定性定理，行走驱动系统稳定需满足以下条件：

$$\lim_{s \to 0} s\dot{s} < 0 \text{ 且 } V \geqslant 0$$

显然 $V = \frac{1}{2}s^2 \geqslant 0$ 满足条件，并且 $\varepsilon$、$k$ 均是大于零的常数，因此 $s$ 和 $\dot{s} = (-\varepsilon sgn(s) - ks)$ 异号，$\lim_{s \to 0} s\dot{s} < 0$，满足稳定性定理，说明采用指数趋近律法滑模控制策略的行走驱动系统是稳定的。

## 4.4 控制模型建立及仿真

PID 控制策略模型如图 4.9 所示，其中，比例系数 $K_P$=13.16、积分系数 $K_I$=303.28；模糊 PID 控制策略模型如图 4.10 所示，其中，量化因子 $K_e$=10.0、量化因子 $Kec$=0.1、比例因子 $K_1$=0.1、比例因子 $K_2$=0.2、比例因子 $K_3$=0、比例系数 $K_P$=13.16、积分系数 $K_I$=303.28、微分系数 $K_D$=0.09；滑模控制策略模型如图 4.11 所示，其中，增益系数 $A$=1/70、增益系数 $c$=100、增益系数 $\varepsilon$=100、增益系数 $k$=100。三种控制策略下行走驱动系统模型如图 4.12 所示。

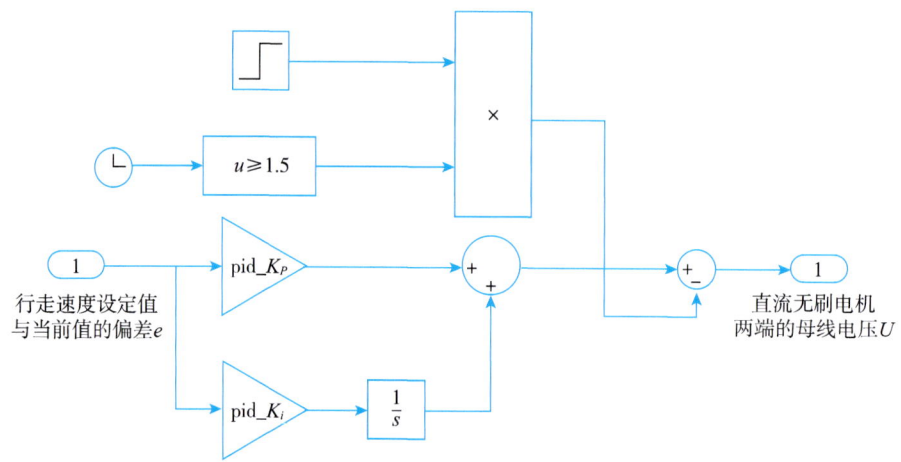

**图 4.9　PID 控制策略 Simulink 模型**

4 行走速度自动调节控制系统设计与试验

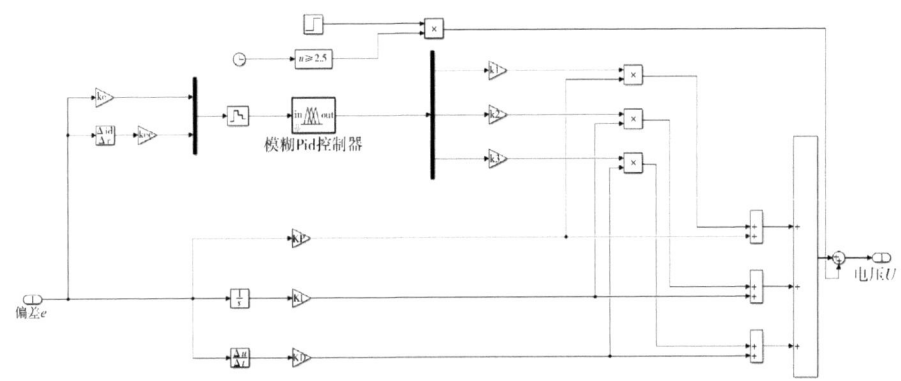

图 4.10 模糊 PID 控制策略 Simulink 模型

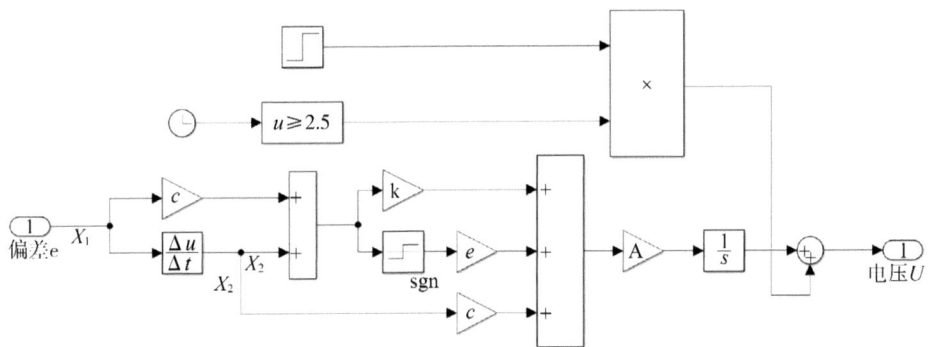

图 4.11 滑模控制策略 Simulink 模型

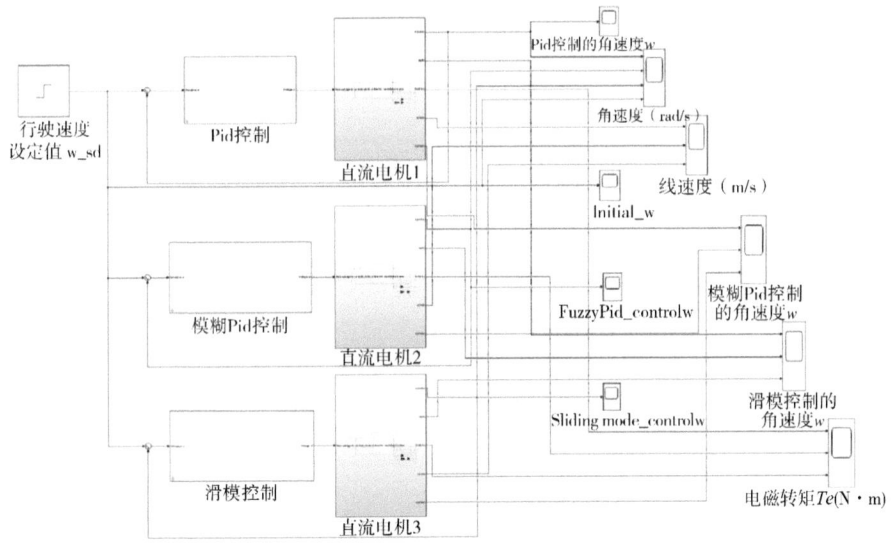

图 4.12 三种控制策略下行走驱动系统 Simulink 模型

根据上述建立的行走驱动系统模型和控制策略模型，在 MATLAB 中分别建立 PID 控制行走驱动系统模型、模糊 PID 控制行走驱动系统模型及滑模控制行走驱动系统模型，包含模糊控制模块、滑模控制模块、行走驱动系统传递函数等模块，实时采集收获机在收获作业中行走驱动电机角速度、线速度和转速信息。下面，针对行走电机恒定负载启动、平稳状态下突增负载：收获机爬坡和收获机过沟、平稳状态下突减负载：满筐叶菜卸机等 4 种工况进行仿真，仿真试验工况如表 4.3 所示。

表 4.3 仿真试验工况

| 工况号 | 名称 | 具体情形 |
| --- | --- | --- |
| 工况 1 | 行走电机恒定负载启动 | 行走电机启动过程中负载恒定，无变化 |
| 工况 2 | 行走电机平稳状态下突增负载 | 收获机平稳运行状态下突然爬坡 |
| 工况 3 | 行走电机平稳状态下突增负载 | 收获机平稳运行状态下突然过沟 |
| 工况 4 | 行走电机平稳状态下突减负载 | 收获机平稳运行状态下叶菜收集筐装满卸机 |

（1）行走电机恒定负载启动情况。行走电机启动过程中负载恒定，无变化。行走电机恒定负载启动的仿真：设定行走电机角速度为 2.457rad/s，行走电机在 0.25s 时开始启动，启动过程中负载恒定不变，仿真结果如图 4.13 所示。行走电机角速度从 0rad/s 到始终保持在角速度设定值 2.408～2.506 rad/s 范围内，即行走电机从启动到达稳定运行状态，PID 控制策略下行走驱动系统调节时间为 0.3970s、超调量为 1.91%；模糊 PID 控制策略下系统调节时间为 0.3833s、超调量为 1.26%；滑模控制策略下系统调节时间为 0.3370s、超调量为 0.45%。因此，行走电机恒定负载启动时，三种控制策略下行走驱动系统动态响应性能和稳定性均较良好，模糊 PID 控制策略明显优于 PID 控制策略，滑模控制策略优于 PID 和模糊 PID 控制策略，但其控制的行走驱动系统会在稳定状态范围内作微弱振荡。

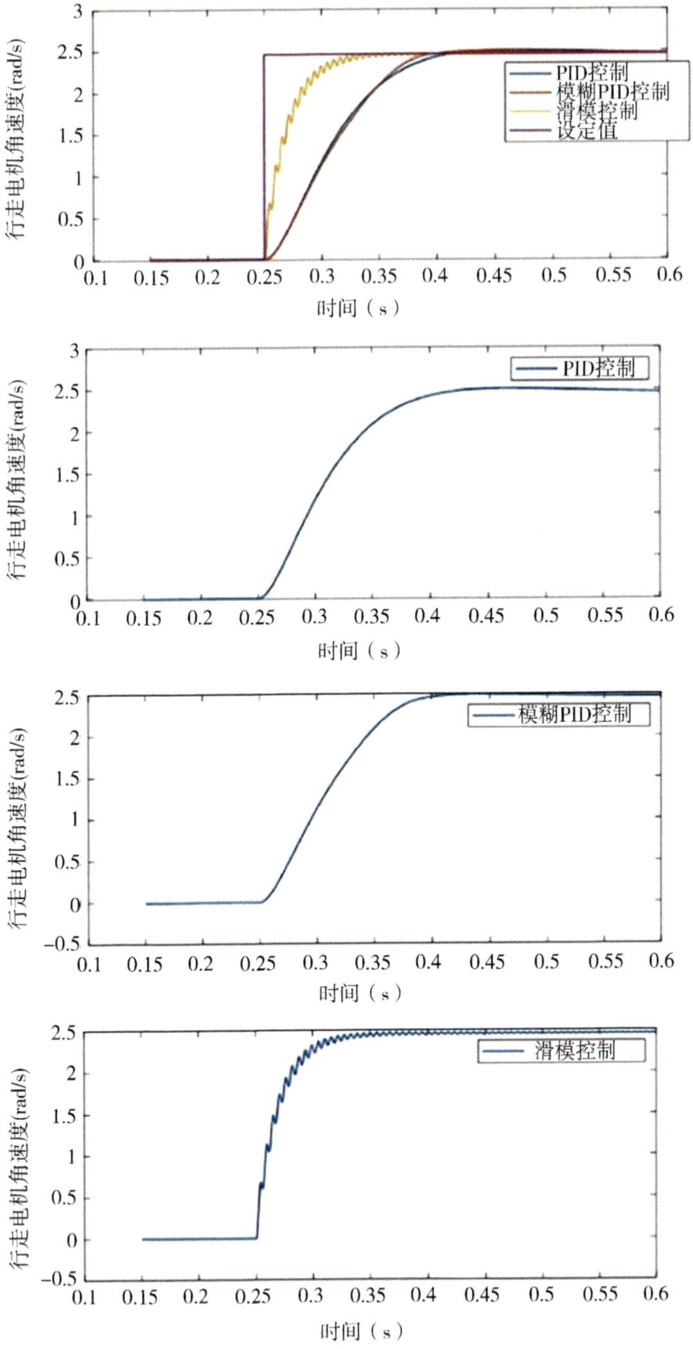

4 行走速度自动调节控制系统设计与试验

图 4.13 3 种控制策略下行走驱动系统恒定负载启动仿真结果

（2）行走电机平稳状态下突增负载情况一。收获机平稳运行状态下突然爬坡。收获机平稳状态下突然爬坡的仿真：行走电机 1.5s 前已达到平稳运行状态，1.5s 时，垄面（畦面）突然出现坡块障碍，假设此时行走电机负载增大 40.7%，属于中等干扰情况，仿真结果如图 4.14 所示。行走驱动系统从原先平稳运行状态到出现坡块障碍，最后再次回到稳定状态，PID 控制策略下行走驱动系统稳态过渡时间为 0.3074s、与设定速度最大偏差为 0.0254rad/s；模糊 PID 控制策略下系统稳态过渡时间为 0.9005s、与设定速度最大偏差为 0.0164rad/s；滑模控制策略下系统稳态过渡时间为 0.0027s、与设定速度最大偏差为 0.0023rad/s。

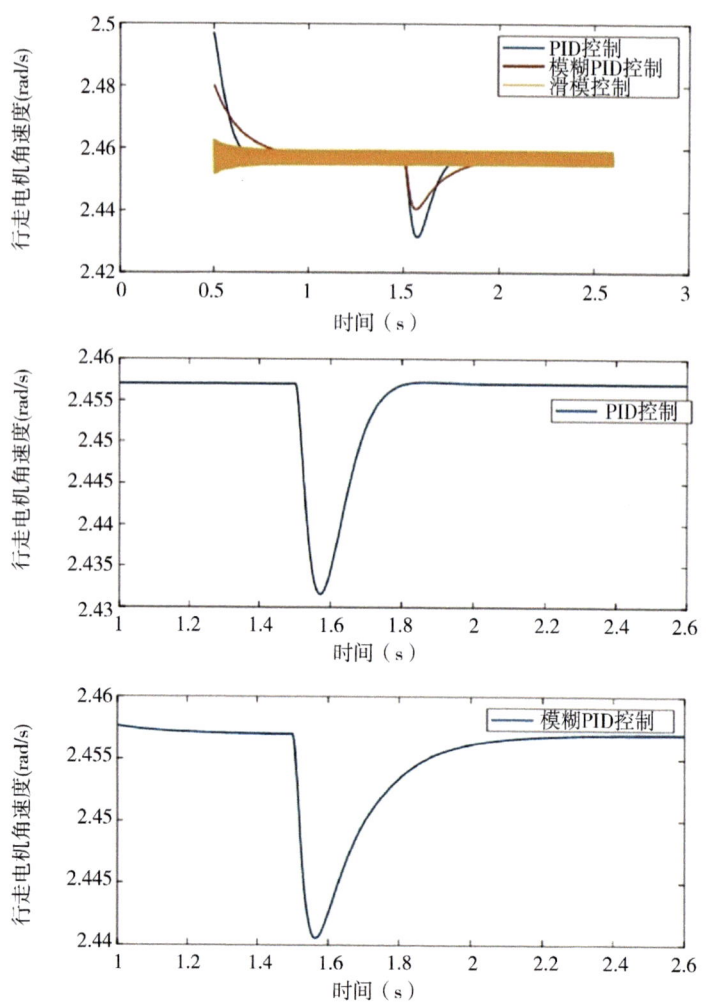

# 4 行走速度自动调节控制系统设计与试验

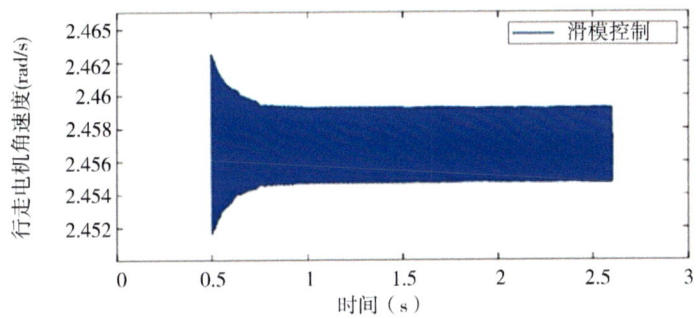

**图 4.14** 3 种控制策略下行走驱动系统平稳状态下突然爬坡仿真结果

（3）行走电机平稳状态下突增负载情况二。收获机平稳运行状态下突然过沟。收获机平稳状态下突然过沟的仿真：行走电机 2.0s 前已达到平稳运行状态，2.0s 时，垄面（畦面）突然出现沟坎阻碍，假设此时行走电机负载增大 61.1%，属于较大干扰情况，仿真结果如图 4.15 所示。行走驱动系统从原先平稳运行状态到出现沟坎阻碍，最后再次回到稳定状态，PID 控制策略下行走驱动系统稳态过渡时间为 0.3092s、与设定速度最大偏差为 0.0382rad/s；模糊 PID 控制策略下系统稳态过渡时间为 0.9621s、与设定速度最大偏差为 0.0247rad/s；滑模控制策略下系统稳态过渡时间为 0.0027s、与设定速度最大偏差为 0.0023rad/s。

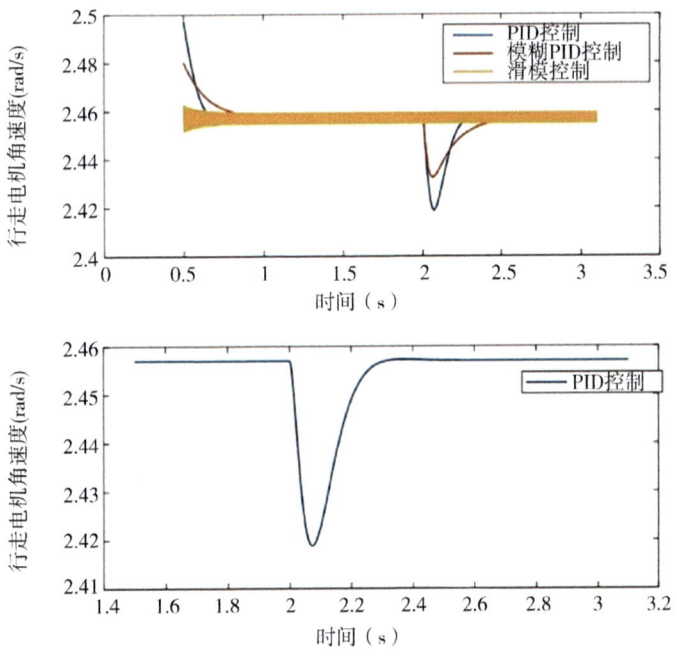

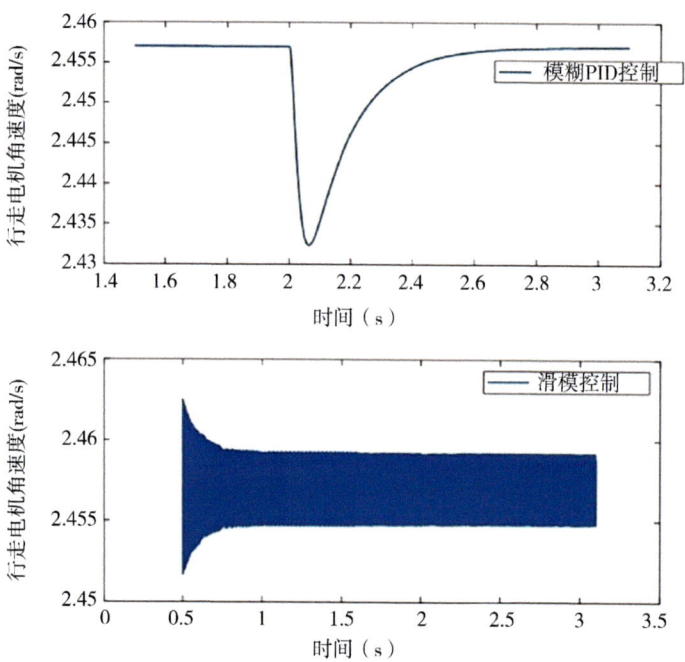

图 4.15　3 种控制策略下行走驱动系统平稳状态下突然过沟仿真结果

因此，无论行走电机平稳运行状态下突增负载是垄面（畦面）突然出现坡块障碍还是沟坎阻碍，相比于传统 PID 控制策略，模糊 PID 控制策略下的行走驱动系统抗扰动性更强、稳定性更优，滑模控制策略下的行走驱动系统相比于 PID 和模糊 PID 控制策略，虽其抗扰动性和稳定性更优，但其会在二次稳定状态范围内作微弱振荡。

（4）行走电机平稳状态下突减负载情况。收获机平稳运行状态下叶菜收集筐装满卸机。行走电机平稳状态下突减负载的仿真：行走电机 2.5s 前已达到平稳运行状态，2.5s 时，叶菜收集筐装满卸机，假设此时行走电机负载减小 24.4%，属于较小干扰情况，仿真结果如图 4.16 所示。行走驱动系统从原先平稳运行状态到出现负载突减情况，最后再次回到稳定状态，PID 控制策略下行走驱动系统稳态过渡时间为 0.3041s、与设定速度最大偏差为 0.0153rad/s；模糊 PID 控制策略下系统稳态过渡时间为 0.8189s、与设定速度最大偏差为 0.0099rad/s；滑模控制策略下系统稳态过渡时间为 0.0026s、与设定速度最大偏差为 0.0023rad/s。因此，行走电机平稳运行状态下突减负载时，相比于传统 PID，模糊 PID 控制策略下的行走驱动系统抗扰动性和稳定性更优，滑模控制行走驱动系统相比于 PID 和模糊 PID 控制，虽其对扰动极不灵敏，并且稳定性更优，但其会在二次稳定状态范围内作微弱振荡。

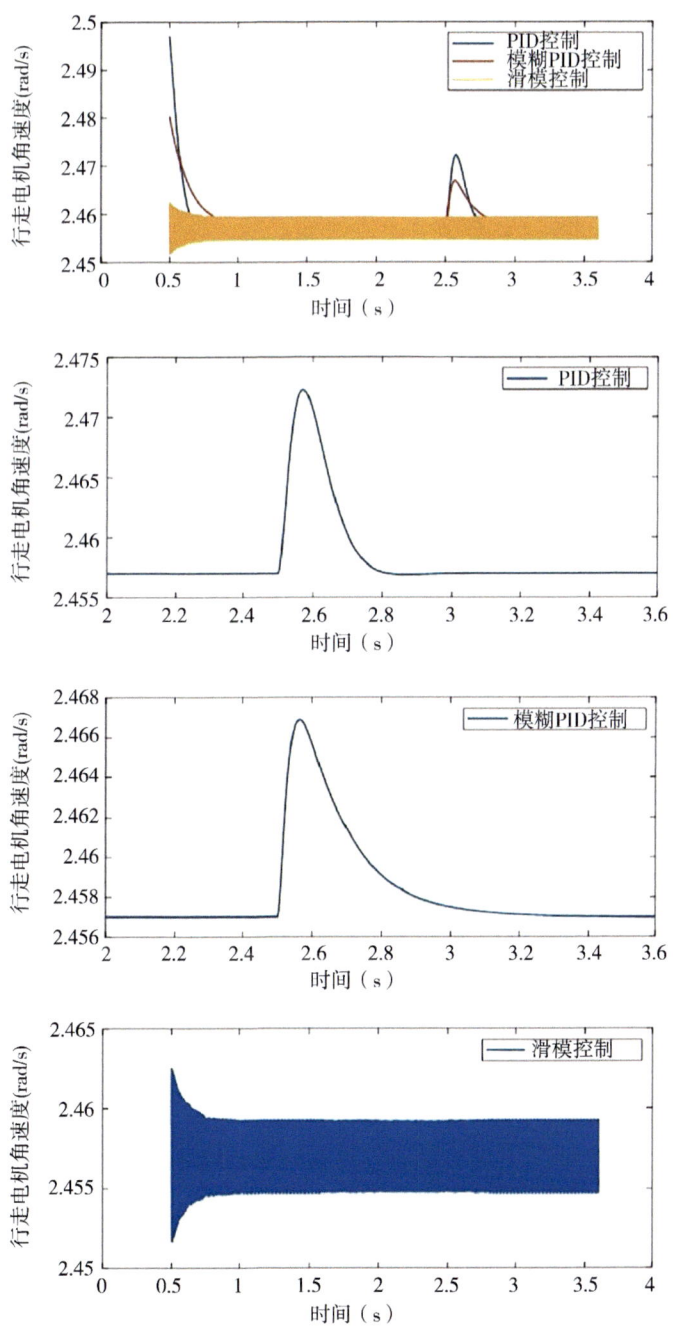

图 4.16　3 种控制策略下行走驱动系统平稳状态下突减负载仿真结果

综上所述，当行走驱动电机角速度当前值与设定值偏差大于±2%时，行走驱动系统通过不同控制策略调节行走速度，使其保持在设定值的±2%范围内，实现收获机行走速度自动控制功能，模糊PID控制策略下的行走驱动系统动态响应性能、抗扰动性和稳定性明显优于PID控制策略，虽然滑模控制策略下的行走驱动系统动态响应性能和稳定性优于PID及模糊PID控制策略，并且抗扰动性更强，但其会在多次稳定状态范围内作微弱振荡。

## 4.5　基于模糊PID的4UM-120D型电动薯尖叶菜多用途收获机行走速度自动控制系统设计

### 4.5.1　作业性能试验

为了测试单因素对基于模糊PID的行走速度自动控制系统快速性的影响，分别用STEP 7-MicroWIN SMART软件调节模糊PID控制算法中的比例系数和积分系数，用触摸屏调节行走电机驱动电压初始值进行台架试验，如图4.17所示。

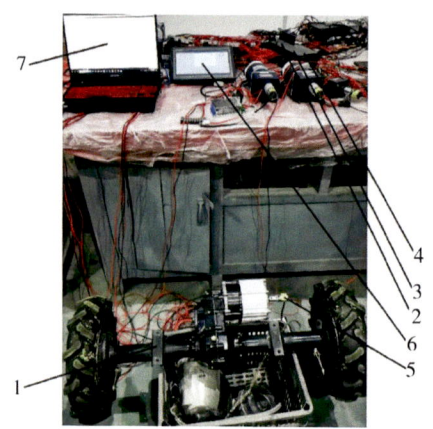

1—后轮行走机构；2—S7-200SMART PLC；
3—S7-200SMART PLC模拟量输入模块；
4—S7-200SMART PLC模拟量输出模块；5—霍尔转速传感器；6—昆仑通态触摸屏；7—电脑。

图4.17　试验台架

## 4 行走速度自动调节控制系统设计与试验

试验设备与仪器主要有 4UM-120D 型电动薯尖叶菜多用途收获机后轮行走机构试验台架、DC48V 锂电池、S7-200SMART PLC、S7-200SMART PLC 模拟量输入模块、S7-200SMART PLC 模拟量输出模块、中间继电器、霍尔转速传感器、昆仑通态触摸屏、电脑和若干电线等。

以基于模糊 PID 的电动薯尖叶菜多用途收获机行走速度自动控制系统第一次达到设定转速 ±2% 且不再超出的时间（调节时间）$Y_1$ 作为行走速度自动控制系统快速性的评价指标。影响电动薯尖叶菜多用途收获机行走速度自动控制系统快速性评价指标的因素诸多，借助单关键因素试验研究得出模糊 PID 控制算法的比例系数 $K_p$、积分系数 $K_i$ 和行走电机驱动电压初始值 $U$ 对系统调节时间的影响较大，所以在单关键因素试验的基础上得出比例系数 $K_p$、积分系数 $K_i$ 和行走电机驱动电压初始值 $U$ 为影响系统调节时间的主要关键因素。通过单关键因素试验可知，比例系数 $K_p$ 范围为 0.123～0.127；积分系数 $K_i$ 范围为 0.015～0.025；行走电机驱动电压初始值 $U$ 范围为 1.77～2.13V。具体设计试验方案为三因素三水平 Box-Behnken 试验，对比例系数 $X_1$、积分系数 $X_2$、行走电机驱动电压初始值 $X_3$ 三个关键试验因素展开响应面试验研究分析。关键试验因素及其水平如表 4.4 所示。

表 4.4 关键试验因素及其水平

| 水平 | 比例系数 $X_1$ | 积分系数 $X_2$ | 行走电机驱动电压初始值 $X_3$（V） |
| --- | --- | --- | --- |
| -1 | 0.123 | 0.015 | 1.77 |
| 0 | 0.125 | 0.020 | 1.95 |
| 1 | 0.127 | 0.025 | 2.13 |

### 4.5.2 试验结果与分析

本试验三因素三水平 Box-Behnken 具体设计试验方案共有 17 个试验点，以其中 12 个试验点作为分析因子，剩余 5 个试验点为零点误差估计，具体设计试验方案及其结果如表 4.5 所示。

表4.5 具体设计试验方案及其结果

| 序号 | 因素水平 | | | 响应值 |
|---|---|---|---|---|
| | $X_1$ | $X_2$ | $X_3$（V） | 调节时间 $Y_1$（s） |
| 1 | 0.125 | 0.020 | 1.95 | 2.500 |
| 2 | 0.127 | 0.020 | 2.13 | 5.940 |
| 3 | 0.125 | 0.020 | 1.95 | 3.100 |
| 4 | 0.123 | 0.015 | 1.95 | 4.320 |
| 5 | 0.125 | 0.025 | 1.77 | 4.460 |
| 6 | 0.125 | 0.015 | 1.77 | 1.540 |
| 7 | 0.123 | 0.025 | 1.95 | 3.400 |
| 8 | 0.123 | 0.020 | 1.77 | 3.740 |
| 9 | 0.125 | 0.015 | 2.13 | 6.080 |
| 10 | 0.125 | 0.020 | 1.95 | 3.200 |
| 11 | 0.123 | 0.020 | 2.13 | 5.140 |
| 12 | 0.125 | 0.025 | 2.13 | 4.440 |
| 13 | 0.127 | 0.015 | 1.95 | 4.560 |
| 14 | 0.127 | 0.020 | 1.77 | 2.240 |
| 15 | 0.125 | 0.020 | 1.95 | 2.000 |
| 16 | 0.125 | 0.020 | 1.95 | 2.900 |
| 17 | 0.127 | 0.025 | 1.95 | 1.200 |

利用 Design-Expert V8.0.6.1 软件对台架试验得到的结果进行多元回归拟合分析，建立系统调节时间 $Y_1$ 对比例系数 $X_1$、积分系数 $X_2$、行走电机驱动电压初始值 $X_3$ 的二次多项式回归方程，如式（4.20）所示，多元二次回归方程方差分析结果如表4.6所示。

$$Y_1 = 2.74 - 0.33X_1 - 0.37X_2 + 1.20X_3 - 0.61X_1X_2 + 0.58X_1X_3 - 1.14X_2X_3 + 0.38X_1^2 + 0.25X_2^2 + 1.14X_3^2 \quad (4.20)$$

表4.6 多元二次回归方程方差分析

| 方差来源 | 系统调节时间 $Y_1$ | | | |
|---|---|---|---|---|
| | 平方和 | 自由度 | $F$ | 显著水平 $P$ |
| 模型 | 28.38 | 9 | 4.35 | 0.0328* |
| $X_1$ | 0.88 | 1 | 1.22 | 0.3060 |
| $X_2$ | 1.13 | 1 | 1.55 | 0.2530 |

续表

| 方差来源 | 系统调节时间 $Y_1$ | | | |
|---|---|---|---|---|
| | 平方和 | 自由度 | $F$ | 显著水平 $P$ |
| $X_3$ | 11.57 | 1 | 15.95 | 0.0052* |
| $X_1X_2$ | 1.49 | 1 | 2.05 | 0.1951 |
| $X_1X_3$ | 1.32 | 1 | 1.82 | 0.2189 |
| $X_2X_3$ | 5.20 | 1 | 7.17 | 0.0317* |
| $X_1^2$ | 0.62 | 1 | 0.85 | 0.3874 |
| $X_2^2$ | 0.26 | 1 | 0.36 | 0.5697 |
| $X_3^2$ | 5.50 | 1 | 7.58 | 0.0284* |
| 残差 | 5.08 | 7 | | |
| 失拟项 | 4.10 | 3 | 5.63 | 0.0642 |
| 纯误差 | 0.97 | 4 | | |
| 总和 | 33.45 | 16 | | |

注：$0.01 \leqslant P < 0.05$（*表示差异显著）。

通过表 4.6 的多元二次回归方程方差分析可知，系统调节时间 $Y_1$ 的 $P$ 值小于 0.05，说明多元二次回归方程显著；系统调节时间 $Y_1$ 的失拟项为 0.0642，大于 0.05，表明系统调节时间 $Y_1$ 的多元二次回归方程具有高拟合度；系统调节时间 $Y_1$ 的决定系数 $R^2$ 值为 0.8482，说明 84% 以上的评价指标可以被系统调节时间 $Y_1$ 的多元二次回归方程所解释。所以，该模型能够优化分析基于模糊 PID 的电动薯尖叶菜多用途收获机行走速度自动控制系统快速性参数。

$P$ 值反映多元二次回归方程中各参数的影响程度，当 $P < 0.01$ 时，表明参数对多元二次回归方程影响极显著，当 $0.01 \leqslant P < 0.05$ 时，说明参数对多元二次回归方程影响显著，因此调节时间 $Y_1$ 多元二次回归方程中 $X_3$、$X_2X_3$、$X_3^2$ 对回归方程影响显著（它们的 $P$ 值均满足 $0.01 \leqslant P < 0.05$）。删除多元二次回归方程中不显著回归项，对多元二次回归方程 $Y_1$ 进行优化，如式（4.21）所示。

$$Y_1 = 2.74 + 1.20X_3 - 1.14X_2X_3 + 1.14X_3^2 \qquad (4.21)$$

通过方差分析可知，各关键试验因素对调节时间影响程度从大到小的顺序为行走电机驱动电压初始值 $X_3$、积分系数 $X_2$、比例系数 $X_1$。

利用 Design-Expert V8.0.6.1 软件绘制各关键试验因素对试验评价指标的影响曲面图，结果如图 4.18 至图 4.20 所示。

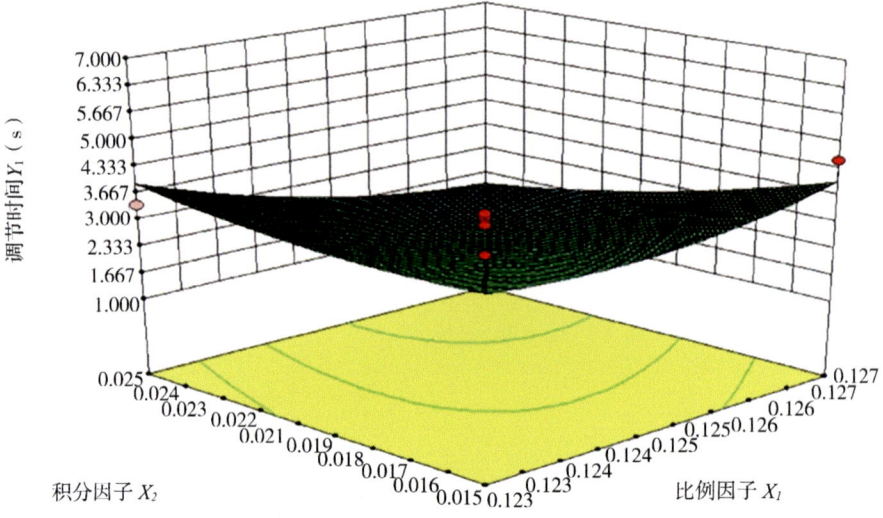

图 4.18　比例系数和积分系数交互作用对调节时间的影响

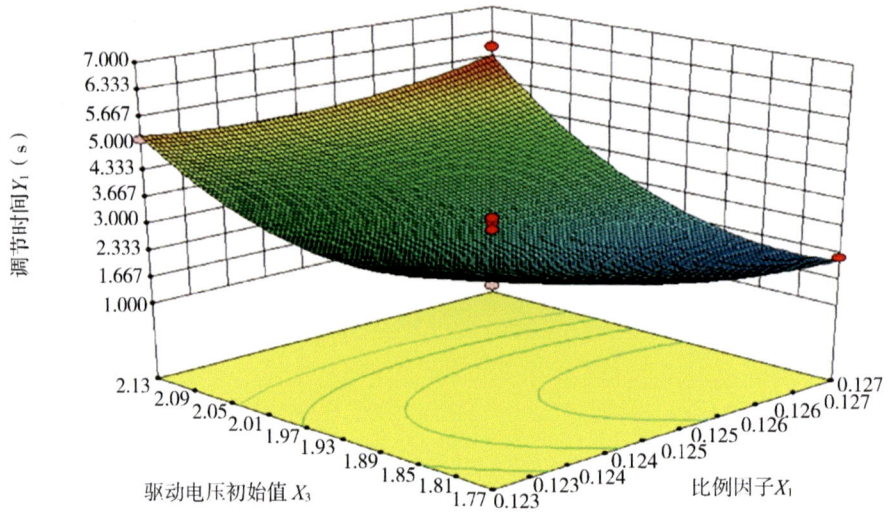

图 4.19　比例系数和行走电机驱动电压初始值交互作用对调节时间的影响

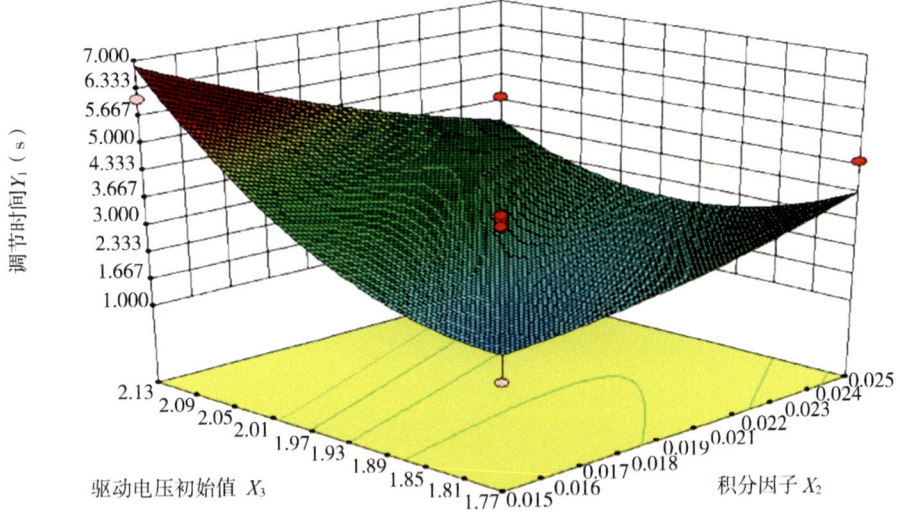

**图 4.20** 积分系数和行走电机驱动电压初始值交互作用对调节时间的影响

由图 4.18 可以看出，比例系数和积分系数交互作用不显著，这是因为行走电机驱动电压初始值处于 0 水平时，行走电机转速为 0，比例系数和积分系数变化不会使电机运转。由图 4.19 可知，行走电机驱动电压初始值越小且比例系数越大时，行走速度自动控制系统调节时间越少，这是因为在积分系数处于 0 水平时，行走电机驱动电压初始值越小，系统的超调量越小，进入稳态的时间越少，同时模糊 PID 控制算法中比例系数越大，系统响应速度越快，反之，比例系数较小会使系统响应速度减慢、稳态误差增大而增加调节时间。由图 4.20 可知，积分系数和行走电机驱动电压初始值交互作用显著，主要是因为行走电机驱动电压初始值越大，系统的超调量越大，进入稳态的时间越长，同时模糊 PID 控制算法中过强的积分作用会使系统超调量加剧，使系统进入稳态的时间增加。

### 4.5.3 参数优化

为了使基于模糊 PID 的电动薯尖叶菜多用途收获机行走速度自动控制系统快速性达到最佳，要求系统在到达稳态时的调节时间短，借助对系统在到达稳态时调节时间的交互因素研究分析可以得出：要获得系统在到达稳态时较短的调节时间，就必须同时满足比例系数大、积分系数小和行走电机驱动电压初始值小。根据基于模糊 PID 的电动薯尖叶菜多用途收获机行走速度自动控制系统的实际工况确定优化约束条件为：

$$\begin{cases} \min Y_1(X_1,X_2,X_3) \\ -1 \leqslant X_1,X_2,X_3 \leqslant 1 \\ 0.001 \leqslant Y_1 \leqslant 6.08 \end{cases} \quad (4.22)$$

借助 Design-Expert V8.0.6.1 软件对各参数进行优化求解以得到最优工作参数组合。当比例系数 0.127、积分系数 0.020、行走电机驱动电压初始值 1.81V 时，基于模糊 PID 的电动薯尖叶菜多用途收获机行走速度自动控制系统到达稳态时的调节时间为 2.102s。

## 4.6 研究结论

（1）以研发的 4UM-120D 型电动薯尖叶菜多用途收获机为研究对象，设计一种行走速度自动控制系统，试验结果表明，收获机恒定负载启动时，PID 控制策略下行走驱动系统调节时间为 0.3970s、超调量为 1.91%，模糊 PID 控制策略下系统调节时间为 0.3833s、超调量为 1.26%，滑模控制策略下系统调节时间为 0.3370s、超调量为 0.45%；平稳运行状态下突增负载（平稳运行状态下突然爬坡）时，PID 控制策略下行走驱动系统稳态过渡时间为 0.3074s，与设定速度最大偏差为 0.0254rad/s，模糊 PID 控制策略下系统稳态过渡时间为 0.9005s，与设定速度最大偏差为 0.0164rad/s，滑模控制策略下系统稳态过渡时间为 0.0027s，与设定速度最大偏差为 0.0023rad/s；平稳运行状态下突增负载（平稳运行状态下突然过沟）时，PID 控制策略下行走驱动系统稳态过渡时间为 0.3092s，与设定速度最大偏差为 0.0382rad/s，模糊 PID 控制策略下系统稳态过渡时间为 0.9621s，与设定速度最大偏差为 0.0247rad/s，滑模控制策略下系统稳态过渡时间为 0.0027s，与设定速度最大偏差为 0.0023rad/s；平稳状态下突减负载（平稳运行状态下叶菜收集筐装满卸机）时，PID 控制策略下行走驱动系统稳态过渡时间为 0.3041s，与设定速度最大偏差为 0.0153rad/s，模糊 PID 控制策略下系统稳态过渡时间为 0.8189s，与设定速度最大偏差为 0.0099rad/s，滑模控制策略下系统稳态过渡时间为 0.0026s，与设定速度最大偏差为 0.0023rad/s。

（2）模糊 PID 控制策略下的行走驱动系统动态响应性能、抗扰动性和稳定性明显优于 PID 控制策略，虽然滑模控制策略下的行走驱动系统动态响应性能和稳定性优于 PID 及模糊 PID 控制策略，并且抗扰动性更强，但其会在多次稳定状态范围内作微弱振荡。因此，模糊 PID 控制策略相比于滑模和 PID 控制，较大地提高了系统响应的实时性与稳定性，改善了系统性能。

（3）以收获机启动行走并保持行走速度在设定值 ±2% 范围内系统调节时间为主要评价指标，在单关键因素试验基础上运用 Box-Benhnken 试验方法，以模糊 PID 控制算法的比例系数 $K_p$、积分系数 $K_i$ 和行走电机驱动电压初始值 $U$ 为关键试验因素，对基于模糊 PID 的 4UM-120D 型电动叶菜收获机行走速度自动控制系统工作参数进行三因素三水平试验研究，当比例系数为 0.127、积分系数为 0.020、行走电机驱动电压初始值为 1.81V 时，基于模糊 PID 的电动薯尖叶菜多用途收获机行走速度自动控制系统到达稳态时的调节时间为 2.102s。

# 5 自动卸筐和补筐控制系统设计与仿真试验

## 5.1 自动卸筐和补筐控制工作原理

排放好收集筐后，当光电传感器3亮且压力传感器值在1.5～4kg（根据收集筐重量的不同可调）时，自动卸筐和补筐控制系统启动，横向输送带电机开始转动，薯尖开始掉落到收集筐1中，横向输送带电机转速可调；当光电传感器1、光电传感器2、光电传感器3均亮且压力传感器值大于4kg（根据收获叶菜种类的不同可调）时，表明收集筐1仓位已经达到预期仓位，横向输送带电机停止转动，卸筐输送带电机开始启动；当光电传感器1、光电传感器2、光电传感器3都不亮且压力传感器值小于1kg（根据收集筐重量的不同同样可调）时，表明收集筐1已经卸载到地面，卸筐输送带电机停止转动，送筐输送带电机开始启动；当光电传感器3再次点亮且压力传感器值在1.5～4kg时，即表明收集筐2（空筐）已被输送到卸筐输送带上，送筐输送带电机停止转动，横向输送带电机重新开始启动，以此循环，实现自动卸筐和补筐功能。自动卸筐和补筐控制装置图如图5.1所示。

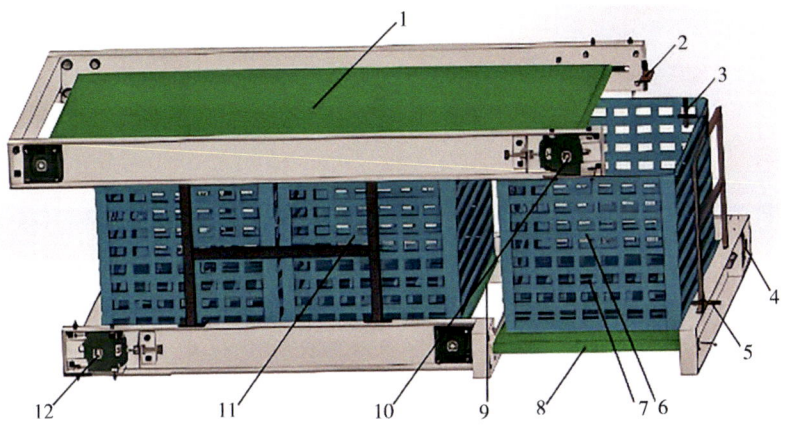

1—横向输送带；2—光电传感器1（顶部光电传感器1）；3—光电传感器2（顶部光电传感器2）；4—卸筐输送带电机；5—光电传感器3（底部光电传感器）；6—收集筐1；7—压力传感器；8—卸筐输送带；9—送筐输送带；10—横向输送带电机；11—收集筐2（空筐）；12—送筐输送带电机。

图5.1 自动卸筐和补筐控制装置

## 5.2 自动卸筐和补筐控制系统组成

自动卸筐和补筐控制系统以研发的4UM-120D型电动薯尖叶菜多用途收获机为平台，由触摸屏、PLC、横向输送带电机及其驱动器、卸筐电机及其驱动器、送筐电机及其驱动器、霍尔转速传感器、光电传感器、压力传感器等组成，如图5.2所示。系统程序控制流程图如图5.3所示，主要完成卸筐输送带上有无收集筐判断、收集筐仓位是否已达到预期仓位判断、达到预期仓位的收集筐是否已卸载到地面判断、卸筐输送带压力测量和显示、横向输送带电机转速测量与显示功能等。

## 5.3 控制策略建立

自动卸筐和补筐控制系统采用基于光电传感器和压力传感器协同检测的控制策略，光电传感器用于检测卸筐机构上的收集筐仓位是否已经达到预期仓位、达到预期仓位的收集筐是否已经卸载到地面和补筐机构上的空筐是否

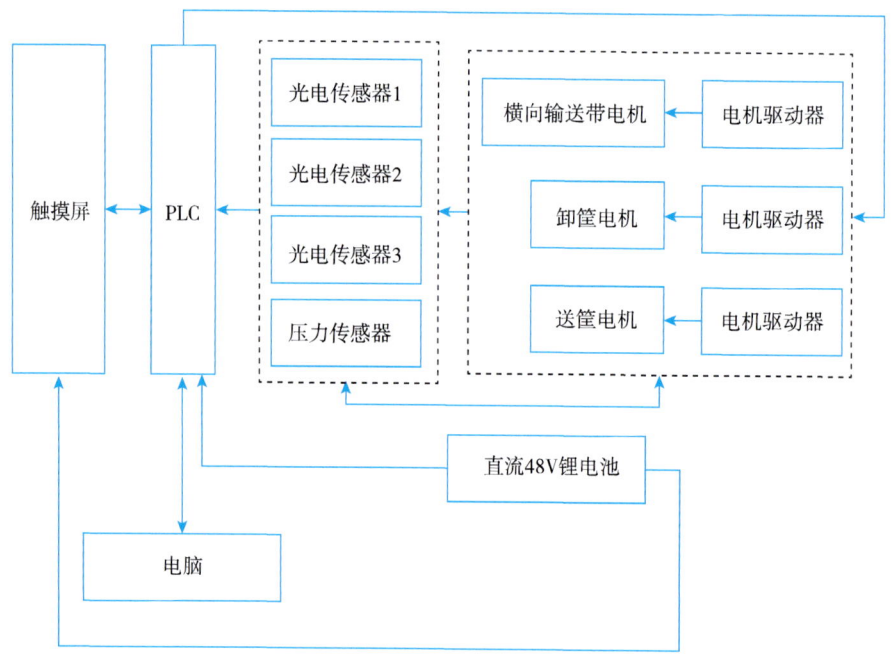

图 5.2 自动卸筐和补筐控制系统

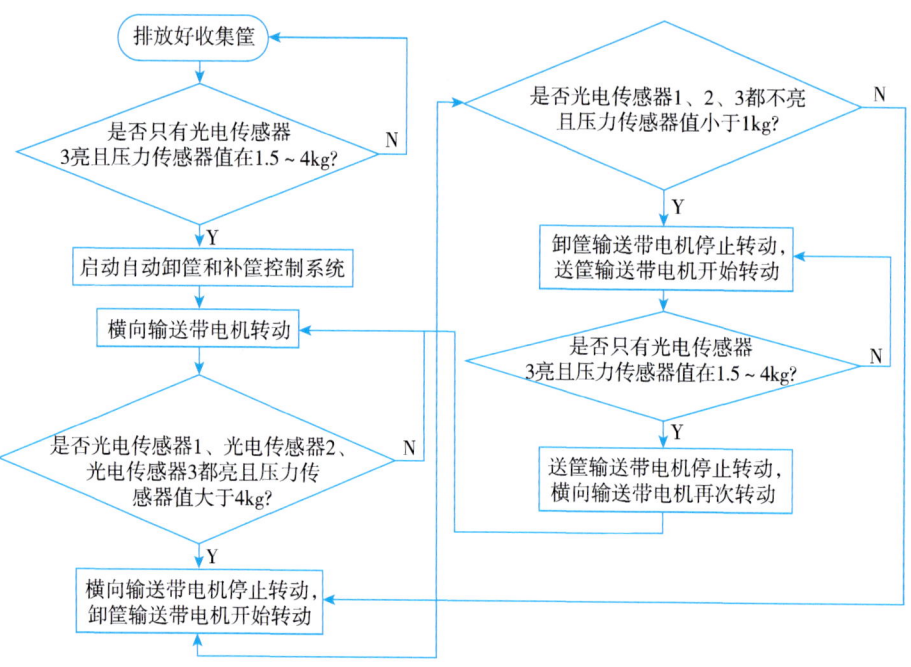

图 5.3 自动卸筐和补筐控制流程

已经运送到卸筐机构上，位于卸筐机构下的压力传感器承担辅助检测功能，主要用于辅助检测光电传感器检测出的收集筐已经达到预期仓位、达到预期仓位的收集筐已经卸载到地面及空筐已经运送到卸筐输送带上这三个结果是否产生了误判断与误动作。横向输送带输送的薯尖在进入收集筐前作向下斜抛运动，但由于田间收获作业环境复杂，垄面（畦面）高低不平等会使收获机颠簸，从而可能会导致在未进入收集筐前叶菜作斜上抛运动，在此之间可能会导致光电传感器 1 和光电传感器 2 的误亮动作，如果仅用光电传感器检测收集筐是否已经达到预期仓位，则可能增加系统误判断和误动作的概率；达到预期仓位的收集筐卸载到地面与空筐运送到卸筐输送带上之间存在着一定的时间差，此时横向输送机构仍在工作，从而会导致有少量薯尖作斜下抛运动到卸筐输送带上，因此，如果仅用光电传感器检测达到预期仓位的收集筐是否已经卸载到地面与补筐输送带上的空筐是否已经运送到卸筐输送带上，将可能会导致光电传感器 3 的误亮动作，增加了系统误判断与误动作的概率，以上均是自动卸筐和补筐控制系统仅采用光电传感器检测的不足之处；仅使用光电传感器检测可能会导致光电传感器的误亮动作，增加了系统误判断与误动作的概率。压力传感器作为一种实时检测质量的传感器，可以实时显示卸筐输送带所承受的重量，配合光电传感器协同检测，可以极大降低系统误判断和误动作的概率。横向输送带电机转速可调，配合行走速度自动控制系统中收获作业行走速度设定值，改善了自动卸筐和补筐控制系统的稳定性与准确性。

## 5.4 控制策略台架仿真试验

为了验证基于光电传感器和压力传感器协同检测的自动卸筐和补筐控制系统的稳定性与准确性，搭建的控制系统如图 5.4 所示，主要包括触摸屏、PLC、光电传感器、压力传感器、卸筐电机、送筐电机、横向输送带电机等，各工作部件参数如表 5.1 所示。

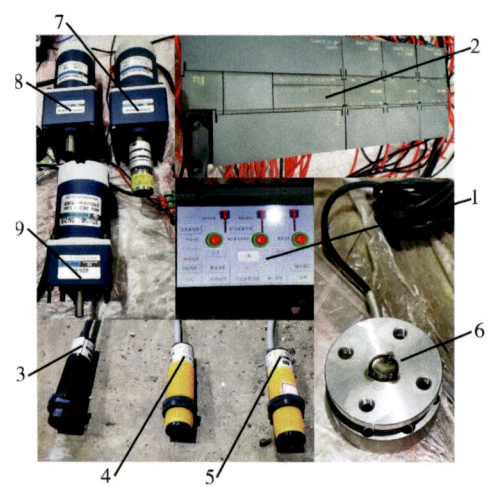

1—触摸屏；2—PLC；3—底部光电传感器（光电传感器3）；4—顶部光电传感器1（光电传感器1）；5—顶部光电传感器2（光电传感器2）；6—压力传感器；7—横向输送带电机；8—卸筐电机；9—送筐电机。

图 5.4　基于光电传感器和压力传感器协同检测的自动卸筐和补筐控制系统试验台架

表 5.1　自动卸筐和补筐控制系统各工作部件技术参数

| 工作部件 | 参数 | 数值 |
| --- | --- | --- |
| 触摸屏 | 型号 | 昆仑通态 -TPC1061TI |
| PLC | 型号 | 西门子 S7-200 SMART PLC-6ES72881ST400AA0 |
| 光电传感器1（顶部光电传感器1） | 测量范围（mm） | 0～15 |
| 光电传感器2（顶部光电传感器2） | 测量范围（mm） | 0～15 |
| 光电传感器3（底部光电传感器） | 测量范围（mm） | 0～15 |
| 压力传感器 | 测量范围（kg） | 0～30 |
| 横向输送带电机 | 转速（r/m）/力矩（N·m） | 0～300/1.90 |
| 卸筐电机 | 转速（r/m）/力矩（N·m） | 0～200/2.85 |
| 送筐电机 | 转速（r/m）/力矩（N·m） | 0～400/0.80 |

　　自动卸筐和补筐控制系统触摸屏界面如图 5.5 所示。首先在触摸屏中按下系统启动按钮，底部光电传感器和顶部光电传感器1、光电传感器2均不亮，压力传感器数值显示为 –0.0075kg，约等于 0kg，只有送筐电机亮，横向输送带电机与卸筐电机都不亮，表明此时卸筐输送带上无收集筐，送筐电机

正在输送空筐到卸筐输送带上，将送筐动作持续延长33s，如图5.6（a）所示；33s时，只有底部光电传感器亮，顶部光电传感器1、光电传感器2均不亮，压力传感器数值显示为1.71993kg，只有横向输送带电机亮，卸筐电机与送筐电机都不亮，表明此时横向输送带暂存的薯尖开始掉落到收集筐中，还未达到收集筐预期仓位，将收集薯尖动作持续延长28s，如图5.6（b）所示；61s时，底部光电传感器和顶部光电传感器1、光电传感器2均亮，压力传感器数值显示为4.41524kg，只有卸筐电机亮，横向输送带电机与送筐电机都不亮，表明此时收集筐仓位已经达到预期仓位，正在进行卸筐，将卸筐动作持续延长29s，如图5.6（c）所示；90s时，底部光电传感器和顶部光电传感器1、光电传感器2均不亮，压力传感器数值显示为–0.016kg，约等于0kg，只有送筐电机亮，横向输送带电机与卸筐电机都不亮，表明此时达到预期仓位的收集筐已经被卸载到地面，送筐电机正在输送空筐到卸筐输送带上，以此进行3次循环，模拟系统连续自动卸筐和补筐控制过程，结果如图5.7和图5.8所示。台架仿真试验结果表明，基于光电传感器和压力传感器协同检测控制策略的自动卸筐和补筐控制系统，无误判断与误动作，改善了系统的稳定性、准确性与快速性。

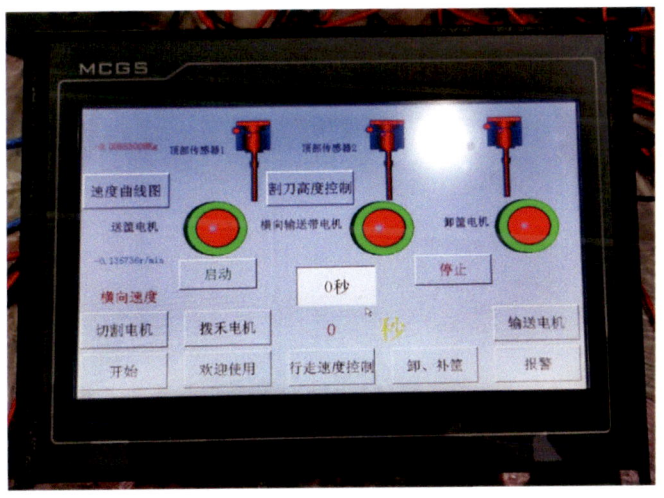

图5.5　自动卸筐和补筐控制系统触摸屏界面

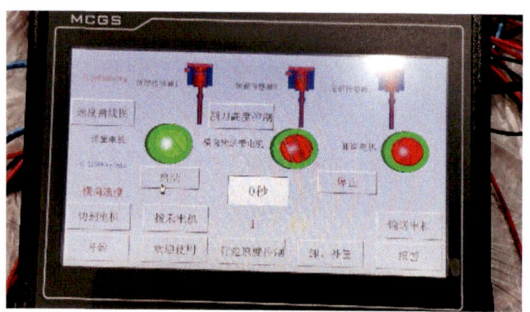

(a) 第一轮自动卸筐和补筐控制过程中送筐动作触摸屏界面

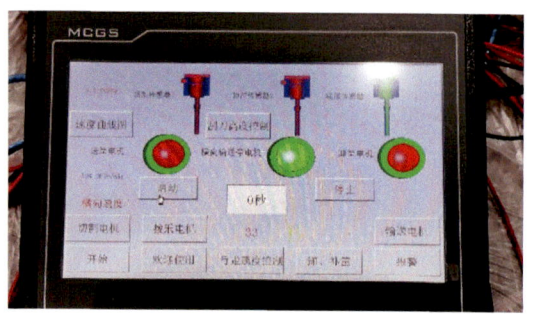

(b) 第一轮自动卸筐和补筐控制过程中收集薯尖动作触摸屏界面

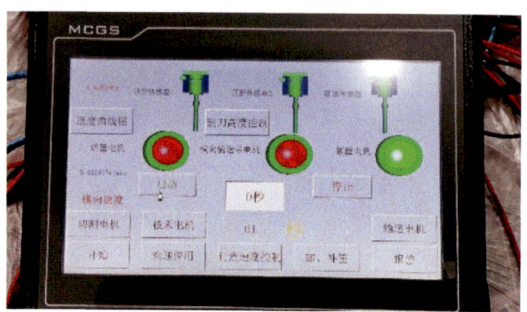

(c) 第一轮自动卸筐和补筐控制过程中卸筐动作触摸屏界面

图 5.6　第一轮自动卸筐和补筐控制过程中送筐动作、收集薯尖动作和卸筐动作触摸屏界面

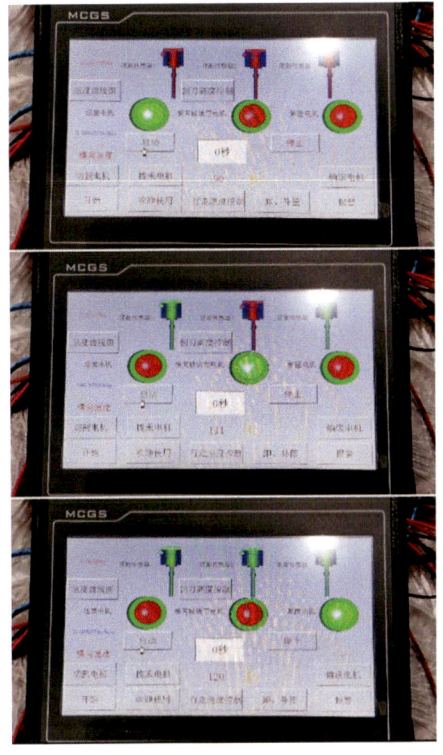

图 5.7　第二轮自动卸筐和补筐控制过程中送筐动作、收集薯尖动作和卸筐动作触摸屏界面

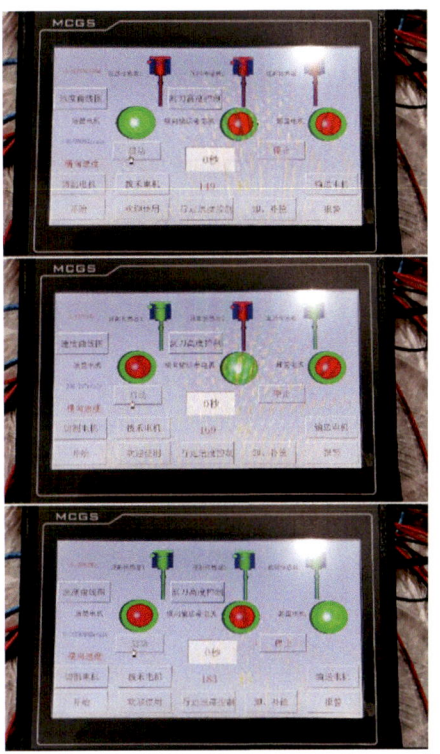

图 5.8　第三轮自动卸筐和补筐控制过程中送筐动作、收集薯尖动作和卸筐动作触摸屏界面

## 5.5　研究结论

（1）分析自动卸筐和补筐控制工作原理及系统组成，设计并搭建出一种基于光电传感器和压力传感器协同检测的自动卸筐和补筐控制系统，通过台架仿真试验，验证自动卸筐和补筐控制系统的误判断与误动作的概率。

（2）仿真结果表明，基于光电传感器和压力传感器协同检测控制策略的自动卸筐和补筐控制系统能够无误判断并避免误动作，有效改善了系统的稳定性、准确性和快速性。

# 6 割刀离地高度自动调控系统设计与仿真试验

## 6.1 割刀离地高度自动调控系统组成与控制原理

### 6.1.1 割刀离地高度自动调控系统组成

割刀离地高度自动调控系统以研发的4UM-120D型电动薯尖叶菜多用途收获机为平台，由触摸屏、PLC、步进电机及其驱动器、滚珠丝杠装置、接近开关等组成，如图6.1所示。

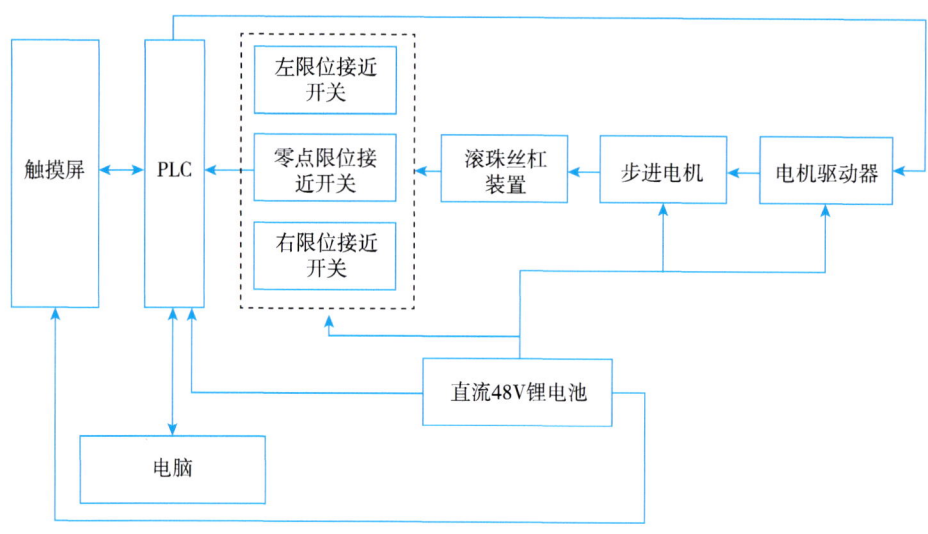

图 6.1 割刀离地高度自动调控系统

## 6.1.2 控制原理

系统程序流程如图 6.2 所示，主要完成割刀离地高度测量、显示和控制等功能。触摸屏中输入薯尖留茬高度设定值，将零点限位接近开关设定为初始参考点并进行首次寻参，若测距光电传感器测量出割刀离地高度始终保持在设定薯尖留茬高度 ±2% 内，即薯尖收获机没有发生越坎、过沟等波动现象，则此时步进电机不发生转动，不会带动滚珠丝杠装置中滑块发生移动；当光电传感器测量出割刀离地高度小于设定薯尖留茬高度 98%，即薯尖收获机出现过沟工况，PLC 对割刀离地高度当前值与设定值进行求差，得出偏差量，经控制策略计算得到步进电机驱动器应该接收到的脉冲信号数量和频率，从而驱动步进电机带动丝杠装置以一定速度调节割刀离地高度；当割刀离地高度在设定薯尖留茬高度 ±2% 内时，步进电机停止转动，当步进电机转动正在调节割刀离地高度时，若割刀离地高度自动调控系统装置中左限位开关亮，步进电机也停止转动，防止滑块撞击步进电机造成电机损坏。从而实现过沟时的割刀离地高度自动调控；当光电传感器测量出割刀离地高度大于设定薯尖留茬高度 102%，表示薯尖收获机处于越坎工况，PLC 对割刀离地高度当前值和设定值进行求差，得出偏差量，通过控制算法的计算，确定步进电机驱动器需要接收的脉冲信号数量和频率，从而驱动步进电机带动滑块以相应速度调节割刀离地高度；当割刀离地高度在设定薯尖留茬高度 ±2% 内时，步进电机停止转动，当步进电机转动正在调节割刀离地高度时，若割刀离地高度自动调控系统装置中右限位开关亮，步进电机也停止转动，防止割刀离地高度过低导致割刀触地损坏。从而实现越坎时的割刀离地高度自动调控功能。

## 6.2 割刀离地高度调节系统模型

### 6.2.1 割刀离地高度调节电机模型

4UM-120D 型电动薯尖叶菜多用途收获机割刀离地高度调节电机采用两

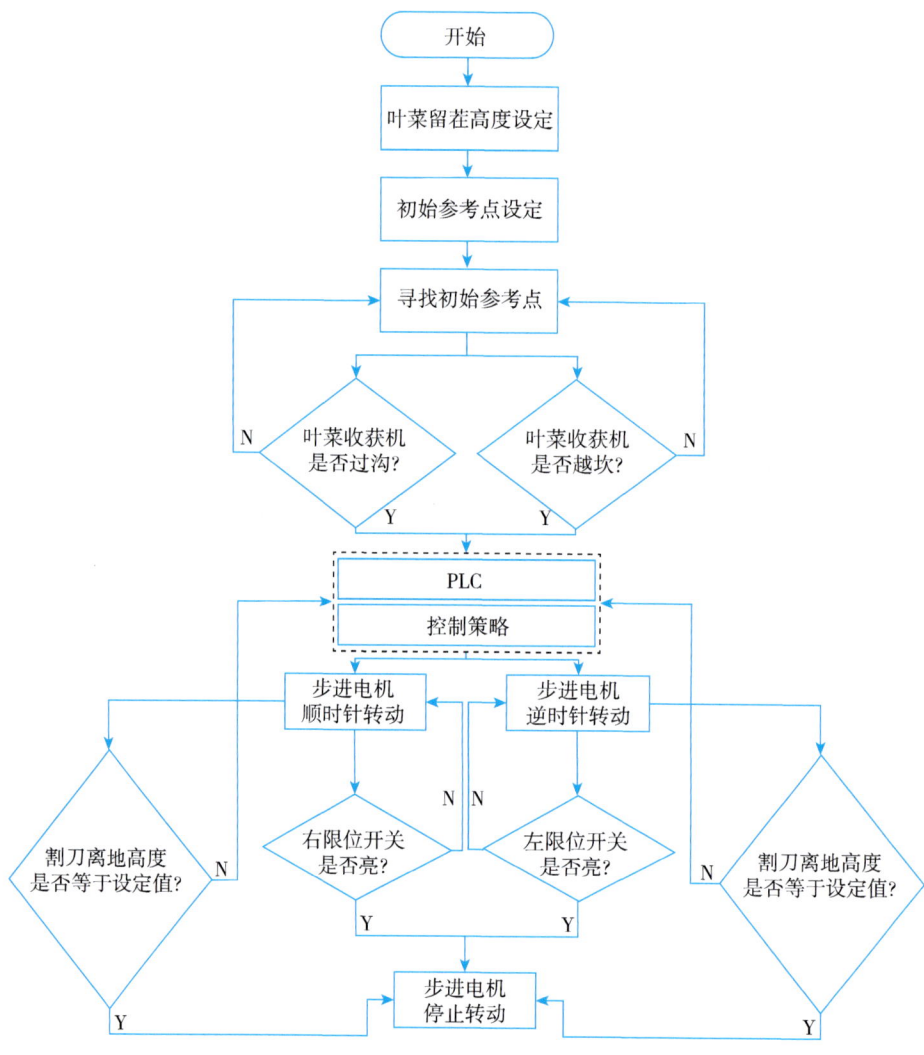

**图 6.2　割刀离地高度自动调控程序流程**

相混合式步进电机，通过改变步进电机驱动器接收的脉冲信号数量与频率，从而调节电机旋转角度及旋转速度，因此需要建立两相混合式步进电机的数学模型来进行分析。为简化分析，以两相永磁混合式步进电机为例。a 相绕组电压平衡方程如式（6.1）所示，a 相绕组等效电路表达式如式（6.2）所示，a 相绕组反电动势 $u_a$ 表达式如式（6.3）所示，两相混合式步进电机电磁转矩表达式如式（6.4）所示。

$$U_a(t) = R_a I_a(t) + \frac{dL_s I_a(t)}{dt} \tag{6.1}$$

$$U_a(t) = R_a I_a(t) + L_s(\theta)\frac{dI_a(t)}{dt} + I_a(t)\frac{\partial L_s(\theta)}{\partial \theta}\frac{d\theta}{dt} \tag{6.2}$$

$$u_a(\theta) = -p\Psi_m \sin(p\theta)\frac{d\theta}{dt} \tag{6.3}$$

$$T_e = -p\Psi_m\left[I_a(t)\sin(p\theta) - I_b(t)\sin\left(p\theta - \frac{\pi}{2}\right)\right] - T_{dm}\sin(2p\theta) \tag{6.4}$$

式中，$U_a$ 为电机定子 a 相绕组电压（V）；$R_a$ 为电机定子 a 相绕组电阻（Ω）；$I_a$ 为电机定子 a 相绕组电流（A）；$I_b$ 为电机定子 b 相绕组电流（A）；$L_s$ 为自感（H）；$\theta$ 为机械位置角（rad）；$u_a$ 为电机定子 a 相绕组反电动势（V）；$p$ 为磁极齿数；$\Psi_m$ 为电机最大磁通量（Wb）；$T_e$ 为电磁转矩（N·m）；$T_{dm}$ 为定位转矩（N·m）。

两相混合式步进电机的机械动力学方程如式（6.5）所示。

$$\begin{cases} T_e = J\dfrac{d\omega}{dt} + B\omega + T_L \\ \omega = \dfrac{d\theta}{dt} \end{cases} \tag{6.5}$$

式中，$J$ 为电机本体和负载的总转动惯量（kg·m²）；$\omega$ 为电机角速度（rad/s）；$B$ 为电机本体和负载的黏滞摩擦系数（N·m·s）；$T_L$ 为负载转矩（N·m）。

步进电机通过驱动器接收的脉冲信号数量多少与频率大小调节电机旋转角度和旋转速度，以两相永磁混合式步进电机为例，先不考虑负载的情况，传递函数为：

$$G_1(s) = \frac{\theta_{actual}}{\theta_{set}} = \frac{K_e}{Js^2 + \left(-\dfrac{K_M K_E}{R} + B\right)s + K_e} \tag{6.6}$$

式中，$G_1(s)$ 为两相混合式步进电机传递函数；$\theta_{actual}$ 为电机旋转角度实际值（rad）；$\theta_{set}$ 为电机旋转角度设定值（rad）；$K_e$ 为反电势系数（V·s/rad）；$K_M$ 为电流增益；$K_E$ 为旋转速度增益；$R$ 为电机定子绕组电阻（Ω）。

### 6.2.2 传动系统模型

割刀离地高度调节系统的传动系统由电机驱动器、步进电机、丝杠、滑块、割刀等组成，传动路径为步进电机 – 丝杠 – 割刀，割刀调节高度与步进电机旋转角度之间的传递函数为：

$$G_2(s) = \frac{l(s)}{\theta(s)} = \frac{\frac{1}{2}L_{滑块}}{\frac{6.28L_{滑块}}{L_{螺距}}} = \frac{L_{螺距}}{12.56} \qquad (6.7)$$

式中，$G_2(s)$ 为割刀调节高度与步进电机旋转角度之间的传递函数；$l(s)$ 为割刀调节高度（mm）；$\theta(s)$ 为步进电机旋转角度（rad）；$L_{滑块}$ 为滑块移动距离（mm）；$L_{螺距}$ 为丝杠装置螺距（mm）。

在 Simulink 中搭建收获机割刀离地高度调节系统模型，如图 6.3 所示。

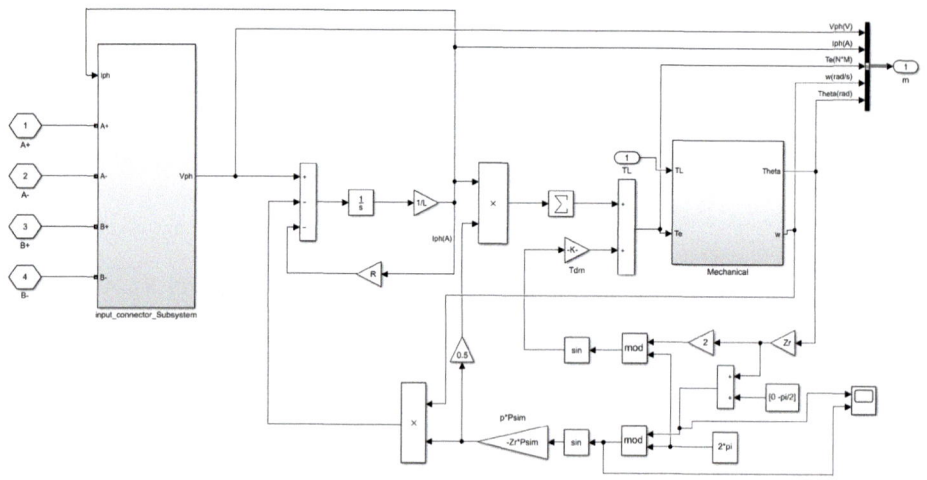

图 6.3　割刀离地高度调节系统模型

## 6.3　控制策略建立

### 6.3.1　位置式 PID 控制策略分析

步进电机位置式 PID 控制就是先对电机旋转角度设定值与实际旋转角度作差，形成位置误差，然后将位置误差分别乘以比例、积分和微分系数，三者相加构成控制量，再将控制量作用于步进电机来调节旋转角度，使其符合设定值，位置式 PID 控制原理如图 6.4 所示。

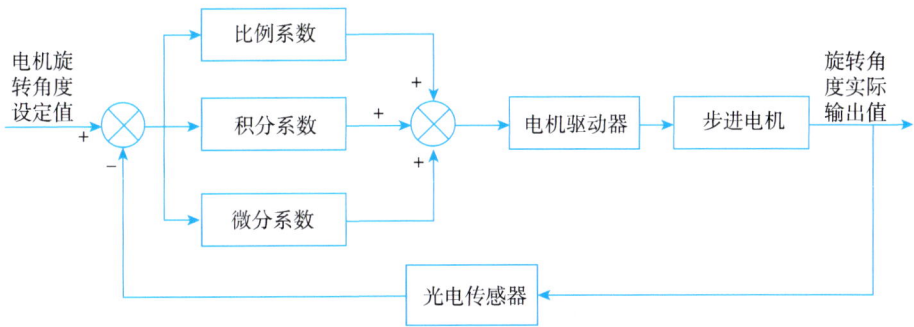

图 6.4 位置式 PID 控制原理

### 6.3.2 增量式 PID 控制策略分析

步进电机增量式 PID 控制就是先对电机旋转角度设定值与实际旋转角度作差，形成位置误差 $e(k)$、前一代位置误差 $e(k-1)$ 和前两代位置误差 $e(k-2)$，然后将 $e(k)$ 与 $e(k-1)$ 作差，再乘以比例系数，$e(k)$ 乘以积分系数，最后微分系数乘以 $[e(k)-2e(k-1)+e(k-2)]$，三者相加构成控制量，作用于步进电机来调节旋转角度，使其符合设定值。

### 6.3.3 位置式与增量式 PID 控制差异

位置式 PID 控制是一种非递推式控制策略，可直接控制执行机构，控制量大小与执行机构实际位置相对应，因此在执行机构不带积分部件对象中可以很好应用，但其每次输出均与过去状态有关，计算时要对位置设定值与实际输出值误差进行累加，运算工作量大；而增量式 PID 控制误动作影响小，必要时可用逻辑判断方法去掉错误数据，设定位置与实际位置误差不需要累加，控制量增量仅与最近 3 次采样值误差有关，因此割刀离地高度自动调节控制策略采用增量式 PID。

## 6.4 控制模型建立及仿真

增量式 PID 控制策略下割刀离地高度自动调控系统模型如图 6.5 所示。步进电机旋转角度、旋转速度及电流控制均采用 PID 控制，其中，旋转角度

PID 控制中比例系数 $K_p$=4.665，旋转速度 PID 控制中比例系数 $K_p$=5.65、积分系数 $K_i$=3.86，电流 PID 控制中比例系数 $K_p$=0.5455、积分系数 $K_i$=30.4578。

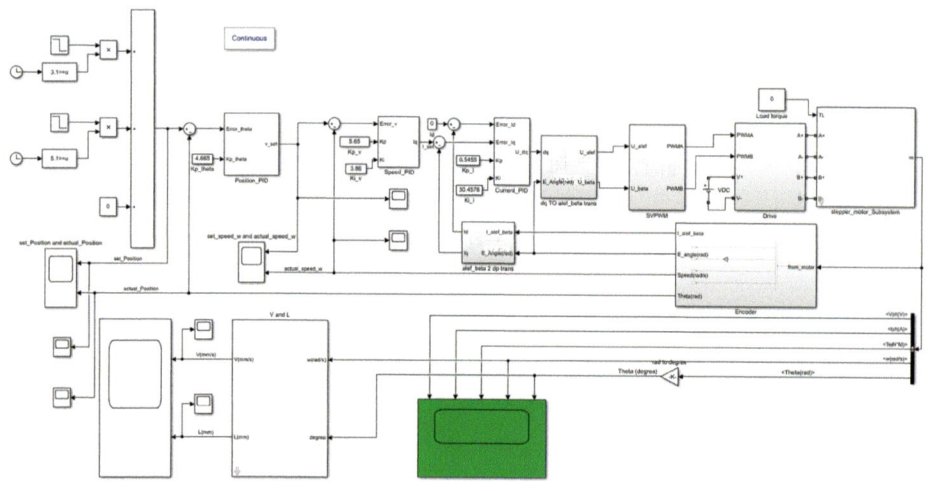

**图 6.5　基于增量式 PID 的割刀离地高度自动调控系统模型**

根据上述建立的割刀离地高度调节系统模型和控制策略模型，在 MATLAB 中建立基于增量式 PID 的割刀离地高度自动调控系统模型，包括步进电机旋转角度 PID 控制模块、步进电机旋转速度 PID 控制模块、步进电机电流 PID 控制模块、割刀离地高度调节电机传递函数等模块，实时采集收获机在收获作业中控制割刀离地高度的步进电机旋转角度、旋转速度和电流等。下面，针对收获机在收获作业过程中突然过沟和突然越坎这两种工况进行仿真，仿真试验工况如表 6.1 所示。

**表 6.1　仿真试验工况**

| 工况号 | 名称 | 具体情形 |
| --- | --- | --- |
| 工况 1 | 收获机突然过沟 | 收获机平稳运行状态下割刀突然下降 |
| 工况 2 | 收获机突然越坎 | 收获机平稳运行状态下割刀突然提升 |

（1）收获机突然过沟情况。收获机平稳运行状态下割刀突然下降。收获机突然过沟的仿真：假设割刀离地高度设定值对应步进电机旋转角度为 0（rad），因此当割刀离地高度在设定值 ±2% 内时，步进电机旋转角度应在 –0.02～0.02rad 范围内，假设滚珠丝杠装置螺距为 20mm，收获机在 1s 时

突然过沟，此时需要降低割刀，假设割刀降低20mm才能使割刀离地高度在设定值±2%范围内，对应步进电机应顺时针旋转，旋转角度为6.28rad，仿真结果如图6.6所示。步进电机旋转角度从0rad开始增大到最后始终保持在 −0.02～0.02rad 范围内，用时1.0740s，即收获机从突然过沟到再次稳定运行状态，基于增量式PID的割刀离地高度自动调控系统稳态过渡时间为1.0740s。因此，当收获机突然过沟时，增量式PID控制策略下的割刀离地高度自动调控系统动态响应性能和稳定性均较好。

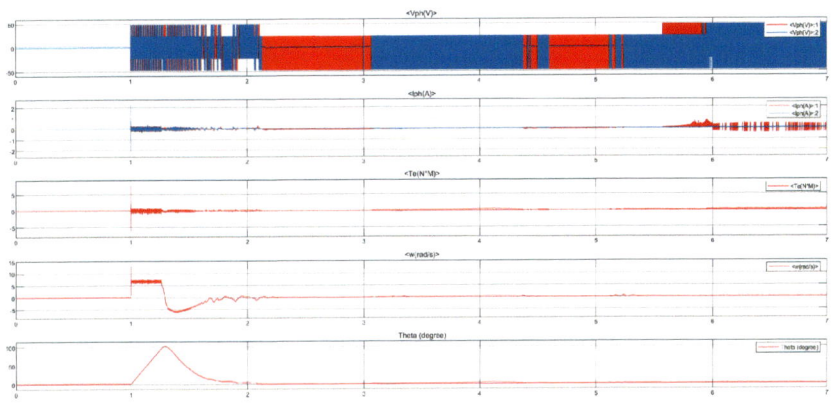

（a）增量式PID控制策略下割刀离地高度自动调控系统平稳状态下突然过沟步进电机电压、电流、电磁转矩、旋转速度和旋转角度仿真结果

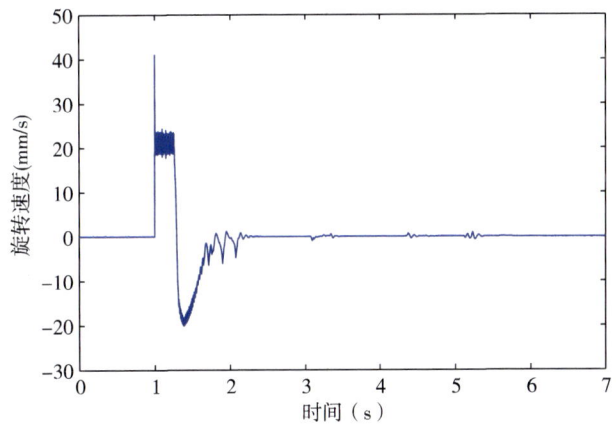

（b）滚珠丝杠装置螺距为20mm时增量式PID控制策略下割刀离地高度自动调控系统平稳状态下突然过沟步进电机旋转速度（mm/s）仿真结果

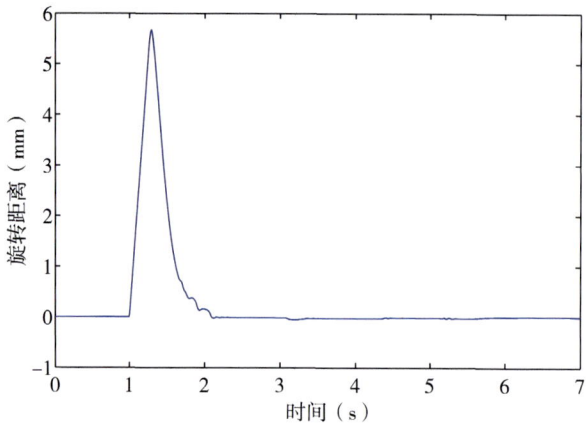

（c）滚珠丝杠装置螺距为 20mm 时增量式 PID 控制策略下割刀离地高度自动调控系统平稳状态下突然过沟步进电机旋转距离（mm）仿真结果

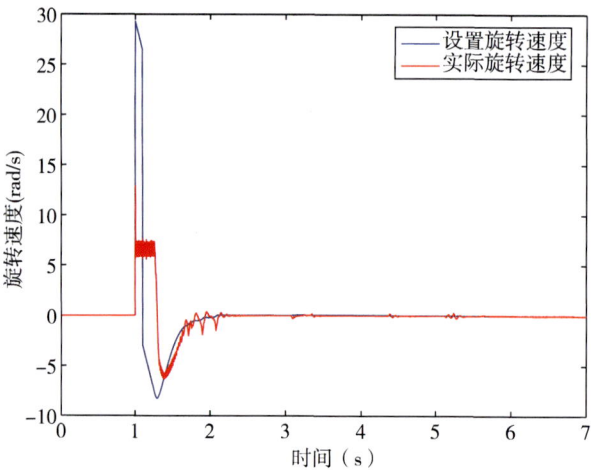

（d）增量式 PID 控制策略下割刀离地高度自动调控系统平稳状态下突然过沟步进电机设定旋转速度与实际旋转速度仿真结果

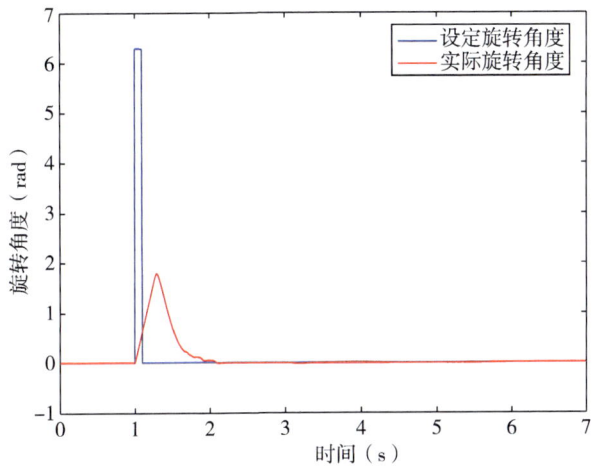

(e)增量式 PID 控制策略下割刀离地高度自动调控系统平稳状态下突然过沟步进电机设定旋转角度与实际旋转角度仿真结果

**图 6.6** 增量式 PID 控制策略下割刀离地高度自动调控系统平稳状态下突然过沟步进电机仿真结果

（2）收获机突然越坎情况。收获机平稳运行状态下割刀突然提升。收获机突然越坎的仿真：假设割刀离地高度设定值对应步进电机旋转角度为 0rad，因此当割刀离地高度在设定值 ±2% 内时，步进电机旋转角度应在 −0.02～0.02rad 范围内，假设滚珠丝杠装置螺距为 20mm，收获机在 3s 时突然越坎，此时需要提升割刀，假设割刀提升 20mm 才能使割刀离地高度在设定值 ±2% 范围内，对应步进电机应逆时针旋转，旋转角度为 6.28rad，仿真结果如图 5.7 所示。步进电机旋转角度从 0rad 开始减小到最后始终保持在 −0.02～0.02rad 范围内，用时 1.0345s，即收获机从突然越坎到再次稳定运行状态，增量式 PID 控制策略下的割刀离地高度自动调控系统稳态过渡时间为 1.0345s。因此，当收获机突然越坎时，基于增量式 PID 的割刀离地高度自动调控系统动态响应性能与稳定性均较好。

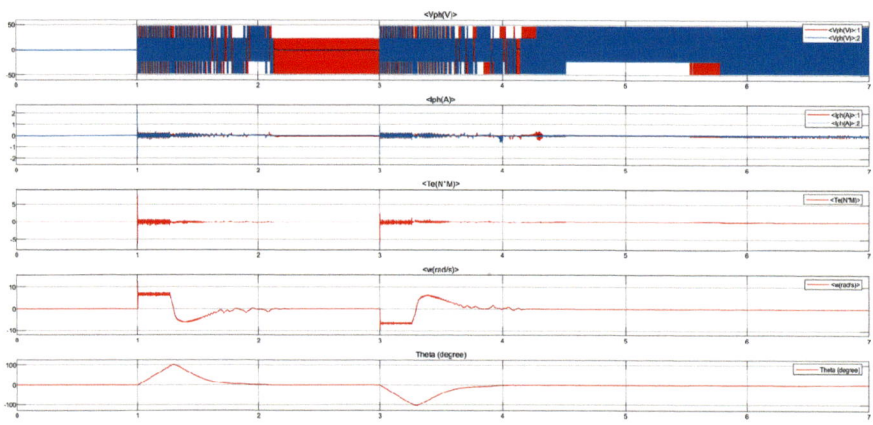

(a)基于增量式 PID 的割刀离地高度自动调控系统平稳状态下突然越坎步进电机电压、电流、电磁转矩、旋转速度和旋转角度仿真结果

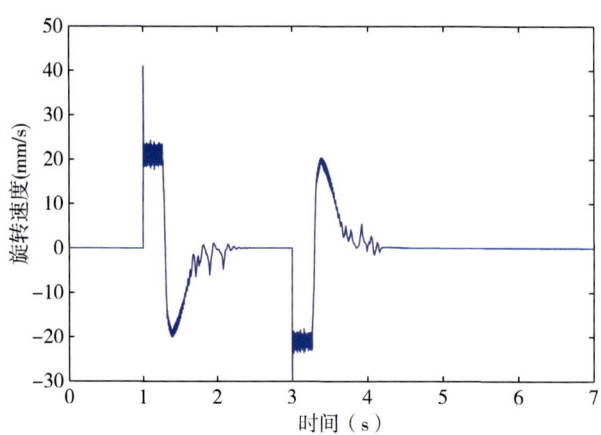

(b)滚珠丝杠装置螺距为 20mm 时基于增量式 PID 的割刀离地高度自动调控系统平稳状态下突然越坎步进电机旋转速度（mm/s）仿真结果

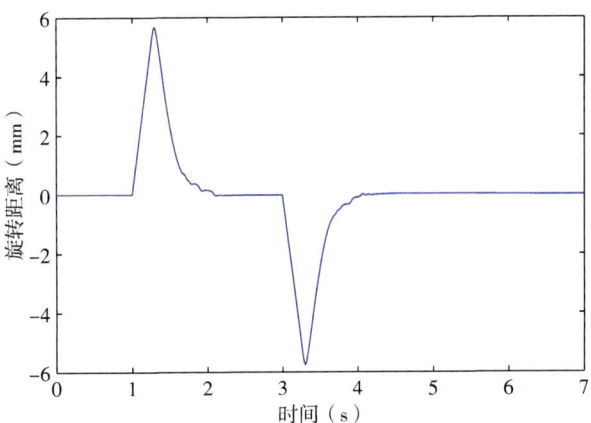

(c)滚珠丝杠装置螺距为 20mm 时基于增量式 PID 的割刀离地高度自动调控系统平稳状态下突然越坎步进电机旋转距离（mm）仿真结果

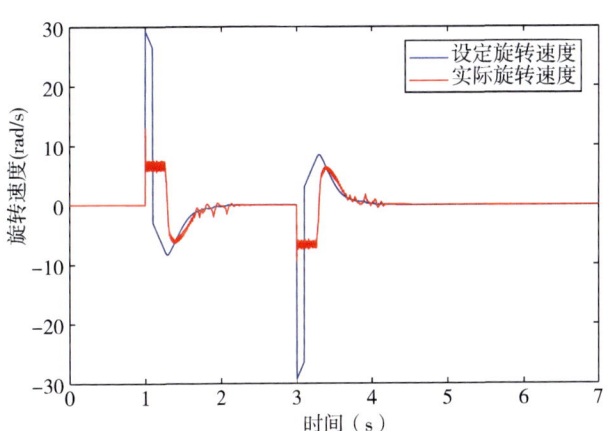

(d)基于增量式 PID 的割刀离地高度自动调控系统平稳状态下突然越坎步进电机设定旋转速度与实际旋转速度仿真结果

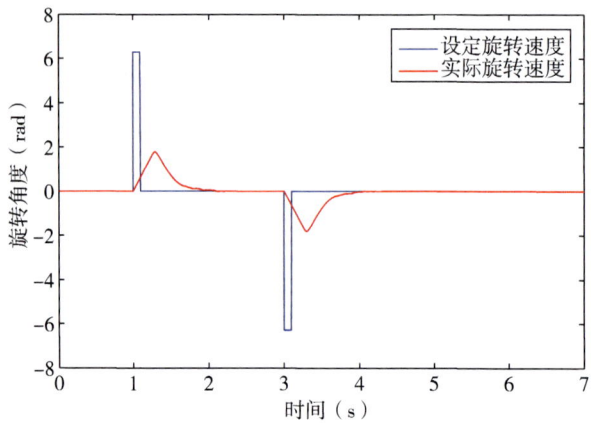

(e）基于增量式 PID 的割刀离地高度自动调控系统平稳状态下突然越坎步进电机设定旋转角度与实际旋转角度仿真结果

**图 6.7** 基于增量式 PID 的割刀离地高度自动调控系统平稳状态下突然越坎步进电机仿真结果

综上所述，当割刀离地高度当前值与设定值偏差大于 2%，即收获机处于突然过沟或突然越坎工况时，基于增量式 PID 控制策略的割刀离地高度自动调控系统具有响应快、稳定等优点，能够实现电动薯尖叶菜多用途收获机自动调节割刀离地高度使其保持在设定值 ±2% 范围内的预期目标。

## 6.5 研究结论

（1）以研发的 4UM-120D 型电动薯尖叶菜多用途收获机为研究对象，设计一种割刀离地高度自动调控系统，使割刀离地高度始终保持在设定值 ±2% 范围内。

（2）结合增量式 PID 建立收获机割刀离地高度控制策略，搭建相应控制策略下收获机割刀离地高度自动调控系统。试验结果表明，当割刀离地高度当前值与设定值偏差大于 2%，即收获机处于突然过沟或突然越坎工况时，基于增量式 PID 控制策略的割刀离地高度自动调控系统动态响应性能与稳定性均较好，达到收获机割刀离地高度自动调控功能。

# 7 系统硬件总体结构及软硬件设计

## 7.1 硬件系统总体结构设计

本控制系统硬件部分主要包含以下模块：S7–200 SMART 6ES72881ST400AA0 CPU 模块、S7–200 SMART 6ES72883AQ040AA0 四模拟量输出扩展模块、S7–200 SMART 6ES72883AM030AA0 两模拟量输入一模拟量输出扩展模块、S7–200 SMART 6ES72883AE040AA0 四模拟量输入扩展模块、拨禾速度传感器、切割速度传感器、输送速度传感器、行走速度传感器、收集筐重量传感器、收集筐仓位传感器、空筐补充传感器、割刀离地高度传感器、触摸屏、模式切换按钮、调速旋钮，如图 7.1 所示。

## 7.2 系统硬件选型

### 7.2.1 CPU 及相关扩展模块选型

选择 CPU 以及相关扩展模块主要是基于三个方面：I/O 数量、存储容量和特殊功能。根据表 7.1 的系统功能资源需求进行选择。

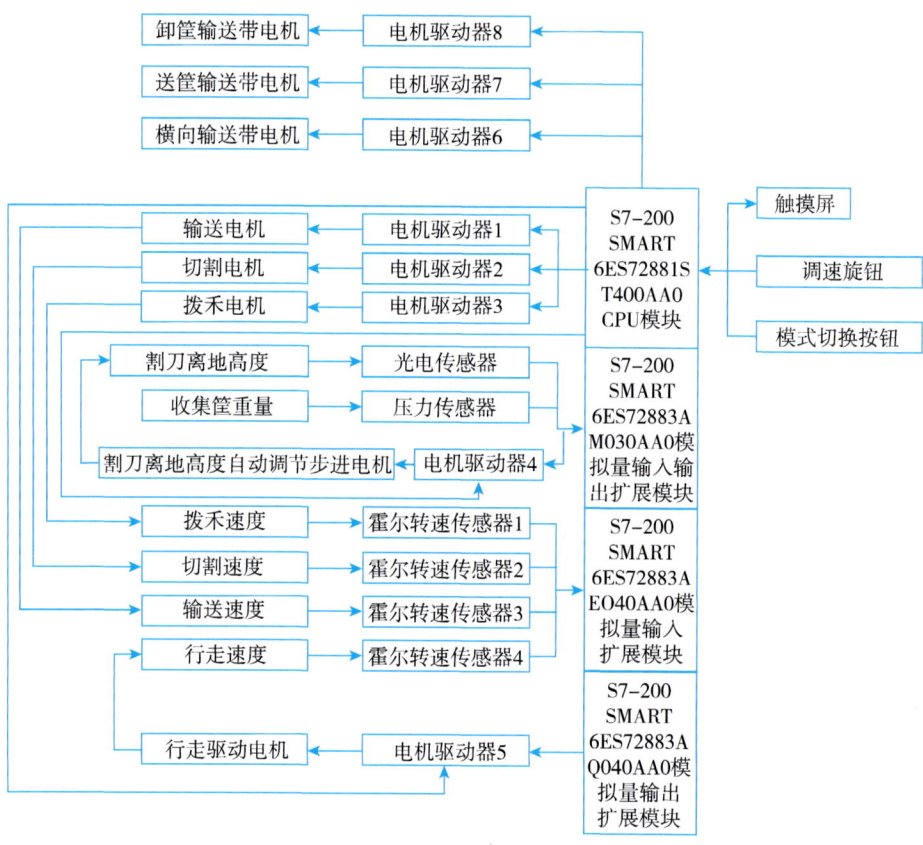

图 7.1 硬件系统总体结构

表 7.1 输入输出信号统计

| I/O 类型 | 信号名称 | 数量（个） | 合计（个） |
|---|---|---|---|
| 数字量输入 | 光电传感器 | 3 | 22 |
| | 接近开关 | 3 | |
| | 按钮 | 16 | |
| 数字量输出 | 电机正反转 | 15 | 16 |
| | 蜂鸣报警器 | 1 | |
| 模拟量输入 | 转速传感器 | 5 | 7 |
| | 割刀离地高度传感器 | 1 | |
| | 收集筐重量传感器 | 1 | |
| 模拟量输出 | 行走速度自动控制 | 1 | 2 |
| | 割刀离地高度自动控制 | 1 | |
| 以太网口 | 人机交互界面（触摸屏） | 1 | 1 |
| RS485 串口 | 电脑 | 1 | 1 |

## 7 系统硬件总体结构及软硬件设计

为保证4UM-120D型电动薯尖叶菜多用途收获机收获作业的稳定，控制系统需要具备较高的稳定性，并具备一定的扩展功能。因此，选择了西门子S7-200 SMART系列的6ES72881ST400AA0版本作为CPU，如图7.2所示。它可以最多扩展7个模块，其中包括1个SB信号板和6个扩展模块，以集成不同的功能。另外，在CPU模块上有一个以太网口及一个RS232/RS485串口，可实现与第三方设备通信功能。

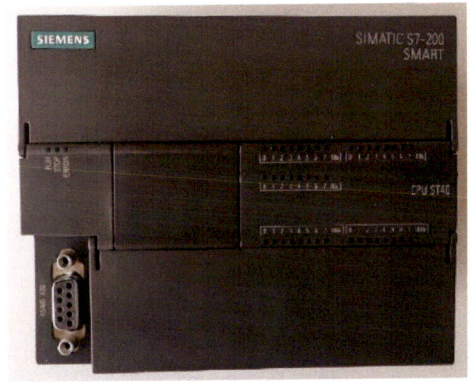

图7.2 西门子S7-200 SMART 6ES72881ST400AA0

根据以上统计，输入与输出信号的类型和数量超出了CPU本身模块的能力，因此需要增加模拟量输入/输出模块以满足使用需求。确定型号为S7-200 SMART 6ES72883AQ040AA0，其包含4路模拟量输出接口；S7-200 SMART 6ES72883AM030AA0，其包含2路模拟量输入和1路模拟量输出接口；S7-200 SMART 6ES72883AE040AA0，其包含4路模拟量输入接口（图7.3）。

（a）S7-200 SMART 6ES72883AQ040AA0

（b）S7-200 SMART 6ES72883AM030AA0

（c）S7-200 SMART 6ES72883AE040AA0

图 7.3　S7-200 SMART 系列模拟量输入/输出模块

### 7.2.2　人机交互界面选型

根据电动薯尖叶菜多用途收获机的总体控制方案，需要通过触摸屏实现人机交互。触摸屏应该具备以下功能：能够显示数据、存储数据、设置参数以及显示工作状态等。由于在实际的收获作业中田间环境变化多样，为确保操作人员能够在不同光线条件下轻松观察触摸屏，因此需要其具备高对比度和工作稳定性。

在通信方面，若使用触摸屏与 S7-200 SMART 系列 CPU 进行数据通信，可采用 RS232 串口通信、RS485 串口通信以及以太网口通信三种方式，其中，以太网口通信方式具有传输速度快、高效率以及可靠性高等优点，相比其他两种通信方式更为优越，这可更好地满足在作业过程中收获机的人机交互需求。此外，为了节省控制柜内部空间并充分利用控制器资源，在 CPU 主体模块中的 RS485 串口被占用的情况下，确定使用未被使用的以太网口作为触摸屏与 S7-200 SMART CPU 进行通信的方式，无须新增其他模块来实现此功能。

综上所述，最终确定触摸屏型号为 MCGS-TPC1061TI，如图 7.4 所示。

这款触摸屏是昆仑通态 TPC10 系列的型号，属于高性能嵌入式一体化触摸屏，它采用了先进的 Cortex-A8 CPU 作为核心，搭载了 10.2 英寸高亮度的 TFT 液晶显示屏，并支持 1024×600 的分辨率，同时该触摸屏还是四线电阻式触摸屏，分辨率为 4096×4096，满足田间收获作业需求。

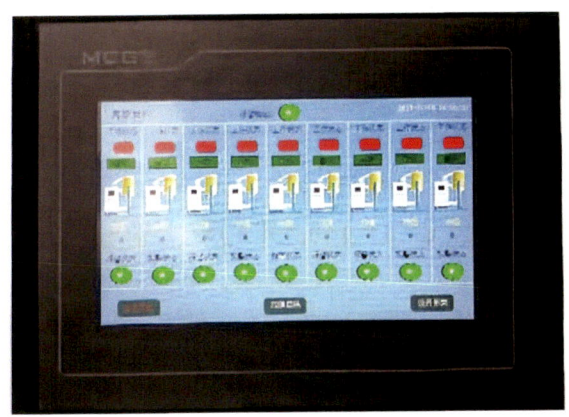

图 7.4　MCGS-TPC1061TI 触摸屏

### 7.2.3　转速传感器选型

目前常见的转速传感器主要有两种类型，分别是光电编码器和霍尔传感器。它们的工作原理不同，前者采用光电转换技术，将物理量转换为电信号，后者则通过霍尔效应实现转速检测。光电编码器是一种利用光栅衍射原理工作的设备，目前已被广泛使用。根据不同的编码方式，光电编码器可以分为增量式和绝对式两种；从另一方面考虑，电动薯尖叶菜多用途收获机在实施收获作业时需要应对各种田间工况，部分设备在操作过程中会有一定程度的振动，由于光电编码器是一种高精度的机电一体化设备，安装需要较高的精度，如果待测装置出现跳动或较大程度的振动等情况，光电编码器容易受损，因此，该设备并不适合用于电动叶菜收获机上的安装和使用，常见的光电编码器如图 7.5 所示。

图 7.5　光电旋转增量式编码器

霍尔转速传感器是一种具有许多优点的传感器，它不需要接触，具有长寿命、简单的结构、坚固耐用、小巧轻便的体积，并且能够抗冲击等多种不良环境因素，因此，它非常适合用于电动薯尖叶菜多用途收获机这种工作环境复杂且多变的设备。

根据控制系统的总体设计方案，选择输出信号范围为 0～10V 的 5 个霍尔转速传感器，最终确定了型号为诺柏锐恩 RB100HR-3006-24VV10-485-3%-IP67 型磁块一体式霍尔转速传感器，如图 7.6 所示，有如下优点：

（1）可靠性高。

（2）0°～360° 测量范围无止位。

（3）12 位分辨率，分辨率达 0.0879°。

（4）磁块一体式设计，无须装配，使用寿命长。

图 7.6　RB100HR-3006-24VV10-485-3%-IP67 系列霍尔转速传感器

## 7.2.4　切割、输送、横向输送带、卸筐输送带和送筐输送带驱动电机选型

电动薯尖叶菜多用途收获机的动力源是锂离子电池，因此所有部件的驱动电机都必须是直流电机。电动薯尖叶菜多用途收获机在工作过程中对切割、输送、横向输送带、卸筐输送带及送筐输送带驱动电机响应速度具有较快要求，除此之外，直流有刷电机还具有结构简单、技术成熟、控制容易、启动扭矩大、变速平缓、启制动平稳、控制精度高等优点。综合考虑，选择直流有刷电机。

XD 系列直流有刷驱动系统是由深圳市信达电机有限公司生产的，其速度控制范围广、力矩输出平滑、速度稳定性高，如图 7.7 所示。最终选型结果如

表 7.2 所示。

图 7.7 XD 系列直流有刷驱动系统

表 7.2 直流有刷电机参数

| 电机名称 | 电机型号 | 驱动器 | 输入电压VDC（V） | 额定功率（W） | 额定转速（r/min） |
|---|---|---|---|---|---|
| 切割电机 | XD5D200-24GU-22S | XD125030A | 24 | 200 | 2200 |
| 输送电机 | XD5D200-24GU-22S | XD125030A | 24 | 200 | 2200 |
| 横向输送带电机 | XD5D90-12GN-21S | XD125030A | 24 | 90 | 2100 |
| 送筐电机 | XD4D40-24GN-21S | 无 | 24 | 40 | 2100 |
| 卸筐电机 | XD5D90-12GN-21S | 无 | 24 | 90 | 2100 |

XD 系列直流有刷电机特点：

（1）动力强，耐高温。转子采用纯铜线绕组，纯铜线有着导电性强，耐高温等特性，外部使用 3 层高密分子涂料滴漆涂层，有效隔绝灰尘且耐高温，寿命为普通涂层的 10 倍。

（2）转速高，性能强。机身内设两块瓦型磁铁，具有高矫顽力、高磁能积、高性能等特性，大大提高了电机的性能。

（3）不易打齿，寿命更长。齿轮材质采用铬钼合金钢，配合碳硬化处理确保材质韧性，不脆化，经得起瞬间冲击，不易打齿，寿命更长。

### 7.2.5 拨禾电机选型

电动薯尖叶菜多用途收获机在收获作业过程中对拨禾驱动电机可靠性具有较高要求，除此之外，直流无刷电机还具有故障率低、散热快、噪声小等优点。综合考虑，拨禾驱动电机选择直流无刷电机。

广东盈时智能科技有限公司生产的 57BLY 系列直流无刷驱动电机具有速度控制范围广、起步扭矩高、抖动小、控制精确、寿命长、低摩擦力、低噪音、稳定性强、运转顺畅等优点，如图 7.8 所示。最终选型结果如表 7.3 所示。

**图 7.8 57BLY 系列直流无刷驱动电机**

**表 7.3 直流无刷电机参数**

| 电机名称 | 电机型号 | 驱动器 | 输入电压 VDC（V） | 额定功率（W） | 额定转速（r/min） |
|---|---|---|---|---|---|
| 拨禾电机 | 57BLY100-24S | BLD08B | 24 | 103 | 3000 |

### 7.2.6 割刀离地高度自动调节电机选型

割刀离地高度自动调节电机需要频繁启停和反转、较高的控制精度及可靠性，与直流无刷/有刷电机相比，步进电机具有以下优点：

（1）精度高。步进电机通过控制电机旋转角度可以实现非常高的位置控制精度。

（2）稳定性好。步进电机的运动是通过精确的步进控制实现的，在运行过程中不易出现振动和共振。

（3）低速驱动能力强。步进电机在低速运行时具有良好的驱动能力。

（4）易于控制。步进电机不需要反馈控制，使得步进电机的控制系统比直流电机更容易实现。

（5）静态保持扭矩。步进电机可以在没有外部力的情况下静止不动，并保持当前的位置。

（6）高效率。步进电机的控制方式可以实现精确的位置控制，避免了一些能量损失，同时步进电机的机械结构相对简单，也降低了能量损失。

选用雷赛86系列步进电机和雷赛MA860C驱动器，如图7.9所示。该系统具有如下特点：全新32位DSP（数字信号处理）技术；超低振动噪声；内置高细分；参数自动整定功能；精密电流控制使得电机发热大为降低；静止时电流自动减半；可驱动4、6、8线两相步进电机；光隔离差分信号输入；脉冲响应频率最高可达200kHz；电流设定方便，可在2.4～7.2（峰值）之间任意选择；4位拨码，共16挡细分；具有过压、欠压、短路保护功能。最终选型结果如表7.4所示，细分设定如表7.5所示。

图7.9 雷赛86系列步进电机和雷赛MA860C驱动器组成的驱动系统

表7.4 步进电机参数

| 厂家 | 电机型号 | 驱动器型号 | 电压（V） | 功率（W） | 步距角（°） | 步距角精度（°） | 静力矩（N·m） | 额定电流（A） | 电阻/相（Ω） | 电感/相（mH） | 转子惯量（g·cm²） |
|---|---|---|---|---|---|---|---|---|---|---|---|
| 雷赛智能 | 86CM120 | MA860C | DC24 | 27 | 1.8 | ±0.09 | 12 | 6 | 0.75 | 5.30 | 2940 |

表7.5 细分设定

| 步数（r） | SW5 | SW6 | SW7 | SW8 |
|---|---|---|---|---|
| 400 | on | on | on | on |
| 800 | off | on | on | on |
| 1600 | on | off | on | on |
| 3200 | off | off | on | on |
| 6400 | on | on | off | on |
| 12800 | off | on | off | on |
| 25600 | on | off | off | on |
| 51200 | off | off | off | on |
| 1000 | on | on | on | off |
| 2000 | off | on | on | off |
| 4000 | on | off | on | off |
| 5000 | off | off | on | off |
| 8000 | on | on | off | off |
| 10000 | off | on | off | off |
| 20000 | on | off | off | off |
| 40000 | off | off | off | off |

## 7.2.7 限位接近开关选型

启动割刀离地高度自动控制系统后，零点限位接近开关用来设定初始参考点，左限位开关用来防止收获机爬坡时滑块撞击步进电机造成电机损坏，右限位开关用来防止收获机过坎时割刀离地高度过低导致割刀触地损坏。由于在田间收获作业时，道路状况复杂，环境不确定性因素较多，而且要确保割刀离地高度自动控制系统的精度，因此需要选择具有高精度、抗干扰能力强、长寿命的接近开关传感器。德力西公司生产的接近开关传感器具有高精度、抗干扰、寿命长等优点，如图 7.10 所示，最终选择型号为 CDJ10-I2A30AN。

图 7.10　CDJ10 系列接近开关传感器

## 7.3　S7–200 SMART PLC 硬件设备组态

### 7.3.1　PLC 模块硬件组态

系统选择 S7–200 SMART PLC 专用软件 STEP 7–MicroWIN SMART，如图 7.11 所示。首先在软件的项目视图界面中新建项目，完成此工作后再添加新设备，如图 7.12 所示。

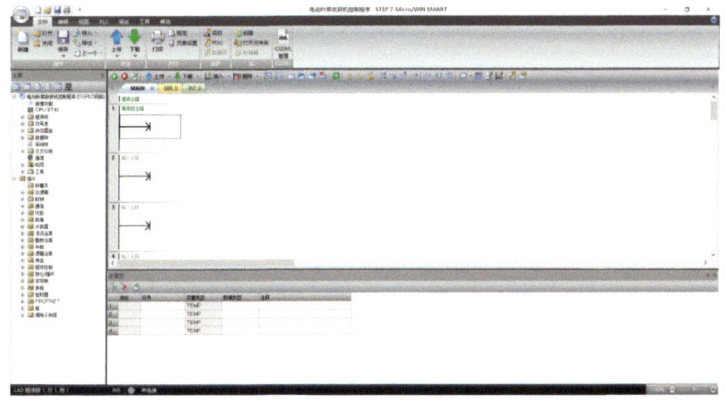

图 7.11　STEP 7–MicroWIN SMART 软件中新建项目

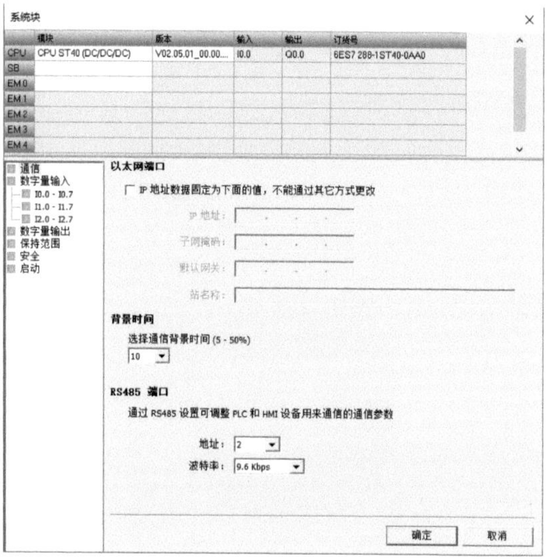

图 7.12 添加新 CPU 模块

CPU 模块调用完成后,在系统块中进行扩展模块添加,在 EM0 扩展模块中选择 EM AM03 下的 6ES72883AM030AA0 模块,在 EM1 扩展模块中选择 EM AQ04 下的 6ES72883AQ040AA0 模块,在 EM2 扩展模块中选择 EM AE04 下的 6ES72883AE040AA0 模块,如图 7.13 所示,至此完成本系统中 S7-200 SMART PLC 的硬件设备组态。

图 7.13　S7-200 SMART PLC 硬件模块组态

### 7.3.2 CPU 模块关键属性参数组态

可以利用串口实现 PC 机和 PLC 之间的连接，软件开发流程分为以下几个步骤：首先在 PC 端进行设计和编程，然后将 PC 机与 PLC 相连，完成硬件组态、软件编译、下载及调试等工作。

在设计过程中，PC 机与 PLC 通信接口为 PC/PPI cable.PPI.1，站地址为 2，波特率为 9600bit/s，如图 7.14 所示。

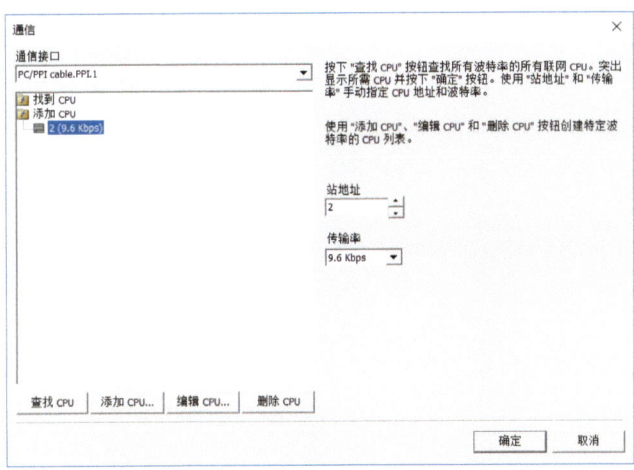

图 7.14　PC 机与 PLC 串口通信

在本系统中，人机交互界面所采用的触摸屏对于 PLC 而言属于第三方设备，并且这两者之间的通信方式采用以太网，在通信过程中，首先输入用户名和密码登录触摸屏，才能访问 S7-200 SMART PLC，如图 7.15 所示。

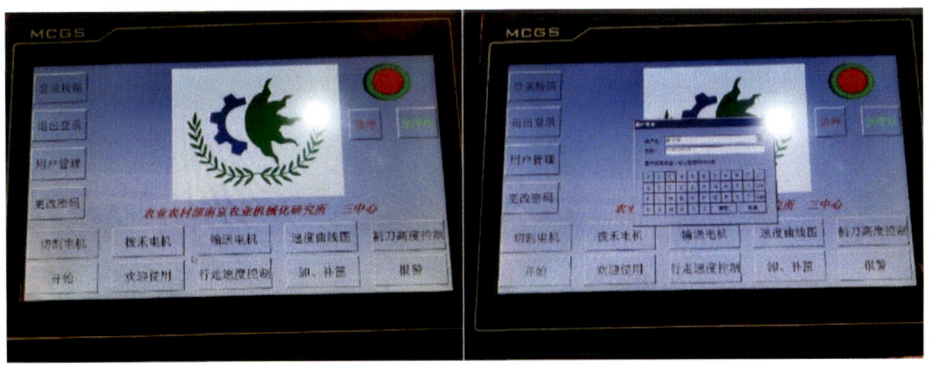

图 7.15　登录触摸屏

根据本控制系统设计方案，在实际运行过程中，触摸屏不仅可以获取 PLC 中的相关参数，还可以对 PLC 程序中的相关参数进行修改。

### 7.3.3 EM AM03（2AI1AQ）和 EM AE04（4AI）模块属性参数组态

在本控制系统中，转速、压力和割刀离地高度的传感器均输出电压信号，因此，在模拟量输入通道配置中，将测量类型设置为电压，并选择范围为 0～10V，在 S7-200 SMART 系列中，模拟量采用平均值的方式进行滤波，提供了 1、4、16 和 32 四种不同周期，考虑到转速、压力和割刀离地高度都属于快速变化的信号，最终选择了 4 个周期的弱滤波方式，EM AM03 模块模拟量输入属性参数组态如图 7.16 所示，EM AE04 模块属性参数组态如图 7.17 所示。

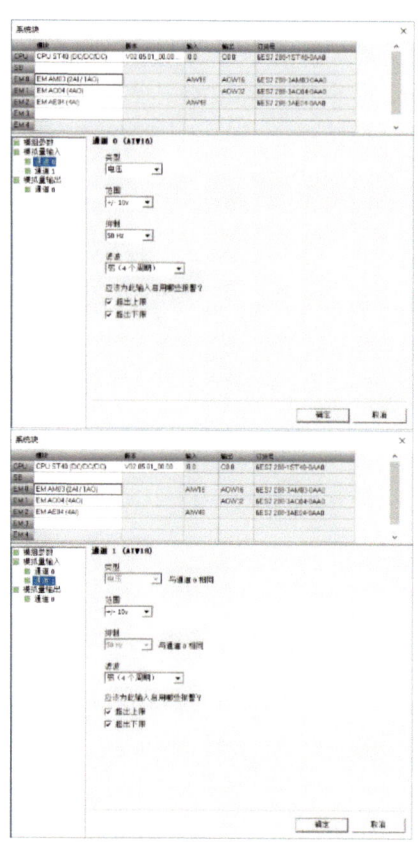

图 7.16　EM AM03 模块模拟量输入属性参数组态

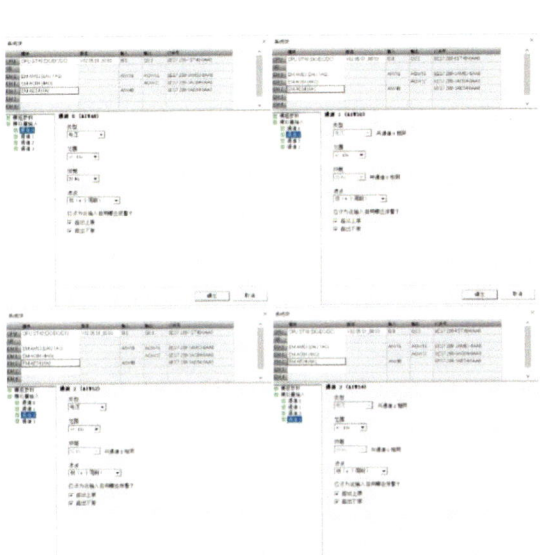

图 7.17　EM AE04 模块属性参数组态

## 7.3.4　EM AQ04（4AQ）模块属性参数组态

本控制系统中，行走电机根据两端母线电压大小调节转速，S7-200 SMART PLC 输出电压信号控制步进电机旋转角度，故在模拟量输出通道配置中将测量类型选择为电压，具体范围选择 0～10V，EM AM03 模块模拟量输出属性参数组态如图 7.18 所示，EM AQ04 模块属性参数组态如图 7.19 所示。

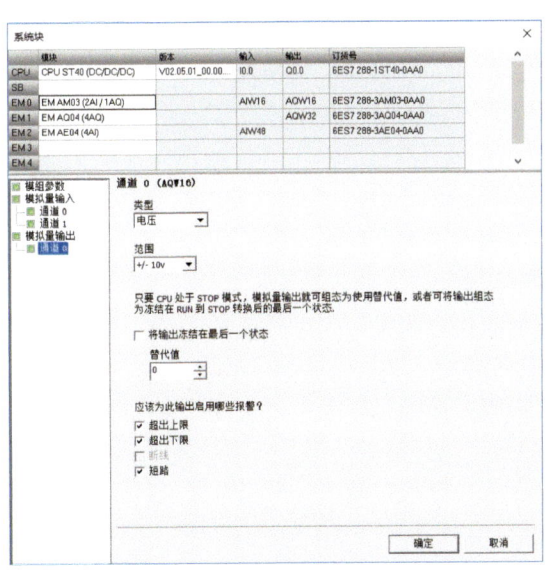

图 7.18　EM AM03 模块模拟量输出属性参数组态

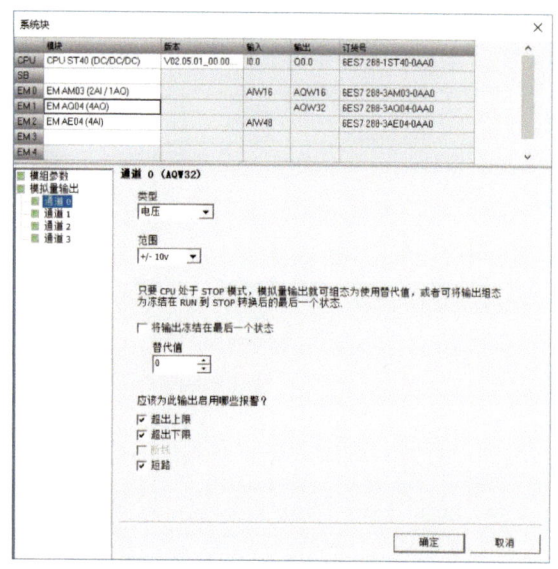

图 7.19　EM AQ04 模块属性参数组态

## 7.4　触摸屏通信配置

保证触摸屏能够与 PLC 成功连接的关键步骤是正确设置以太网地址，以便两者能够通过以太网口进行数据交互。

在设计过程中，PLC 使用的 IP 地址为 192.168.2.1，为了实现 PLC 与触摸屏之间的通信，需要将触摸屏的 IP 地址设置为与 PLC 的 IP 地址同一网段，具体来说就是设置为 192.168.2.X（其中 X 的取值范围为 0 ～ 255，但需要排除 PLC 已经占用的地址），因此，将触摸屏的以太网口地址设置为 192.168.2.6 即可。

## 7.5　S7–200 SMART PLC 程序设计

本自动控制系统程序采用 STEP 7–MicroWIN SMART 软件中梯形图语言进行编写，使用梯形图编写程序可以实现模块化设计，让逻辑更加清晰。系统启动后，用户可以使用触摸屏进行行走电机转速和割刀离地高度等参数的设定，根据实际的行走工况，选择相应的控制模式，手动模式主要用于收获机的作业转移工况中，自动模式主要用于收获作业中，系统调用行走速度自动控制子程序和割刀离地高度自动控制子程序，按照实际作业工况不断调整行走速度及割刀离地高度，主程序流程图如图 7.20 所示。

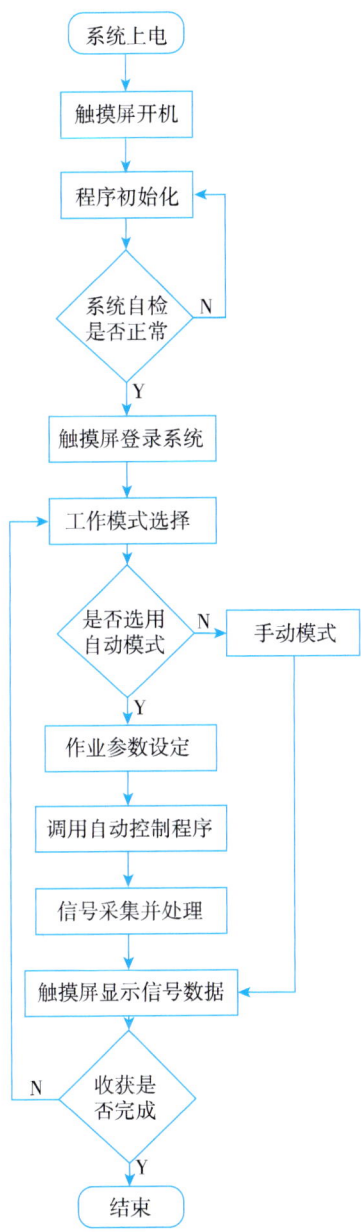

图 7.20　S7-200 SMART PLC 自动控制系统主程序流程

在自动控制模式下，收获机使用霍尔转速传感器实时采集行走驱动电机转速以获得收获机作业行走速度，S7-200 SMART PLC 通过调用模糊 PID 作业行走速度自动控制算法，输出 0～10V 的电压信号，以控制行走驱动电机转速并实现自动控制行走速度的功能，同时，在触摸屏上，行走驱动电机转速值会实时显示；此外，光电测距传感器会实时采集割刀离地高度，并输入到 S7-200 SMART PLC 中，S7-200 SMART PLC 通过调用 PID 割刀离地高度自动控制算法，输出电压信号以控制步进电机旋转角度并带动丝杠装置运动，以实现自动控制割刀离地高度的目的。具体 I/O 地址分配如表 7.6 所示。

表 7.6  S7-200 SMART PLC 硬件 I/O 地址分配

| 外部连接 | 地址 | 变量数据类型 |
| --- | --- | --- |
| 行走速度信号输入 | AIW16 | Real |
| 行走速度信号输出 | AQW16 | Real |
| 割刀离地高度信号输入 | AIW54 | Real |
| 割刀离地高度信号输出 | AQW32 | Real |
| 拨禾电机霍尔转速传感器输入 | AIW48 | Real |
| 切割电机霍尔转速传感器输入 | AIW18 | Real |
| 输送电机霍尔转速传感器输入 | AIW50 | Real |
| 拨禾电机正转 | Q1.0 | Bool |
| 切割电机 | Q0.7 | Bool |
| 输送电机 | Q1.1 | Bool |
| 横向输送带电机 | Q1.5 | Bool |
| 卸筐电机 | Q0.4 | Bool |
| 送筐电机 | Q0.5 | Bool |
| 拨禾电机反转 | Q1.4 | Bool |
| 压力传感器输入 | AIW52 | Real |
| 自动卸筐和补筐控制系统启动 | I0.2（M1.4） | Bool |
| 自动卸筐和补筐控制系统停止 | I0.4（M1.5） | Bool |
| 光电传感器1（顶部光电传感器1） | I2.7 | Bool |
| 光电传感器2（顶部光电传感器2） | I2.5 | Bool |
| 光电传感器3（底部光电传感器） | I2.6 | Bool |
| 行走驱动电机正转 | Q0.6 | Bool |
| 行走驱动电机反转 | Q1.2 | Bool |
| 电动叶菜收获机刹车 | Q1.3 | Bool |
| 手动/自动模式切换 | M2.2 | Bool |

## 7.6　人机交互界面程序设计

人机交互界面选用昆仑通态系列触摸屏，上文已有详细介绍，本节不再赘述。在程序设计方面，使用昆仑通态品牌的 MCGSE 组态环境软件进行开发，设计触摸屏操作界面并设置相关参数。设计过程分为两大部分，一部分是界面布局和功能块调用，界面布局和功能块调用是触摸屏自身的设计部分，另一部分是将设计完成的组态界面中的各个功能与PLC进行连接，具体原理是将PLC内部的I/O点和存储单元等与触摸屏界面中的各个功能按钮进行连接，连接成功后，即可在触摸屏上读写PLC内相关数据变量，实现两者间的数据通信。

本系统采用触摸屏界面设计，结构如图7.21所示，用户可通过导航按键在不同界面之间任意切换，触摸屏显示界面如图7.22所示，点击进入系统后，会显示相应的工作状态界面，包括拨禾电机、切割电机、输送电机、行走速度自动控制、割刀离地高度自动控制以及自动卸筐和补筐控制等，在行走速度自动控制工作状态显示界面参数设置区域中可对行走速度值进行设定；在割刀离地高度自动控制工作状态显示界面参数设置区域中可对割刀离地高度值进行设定。

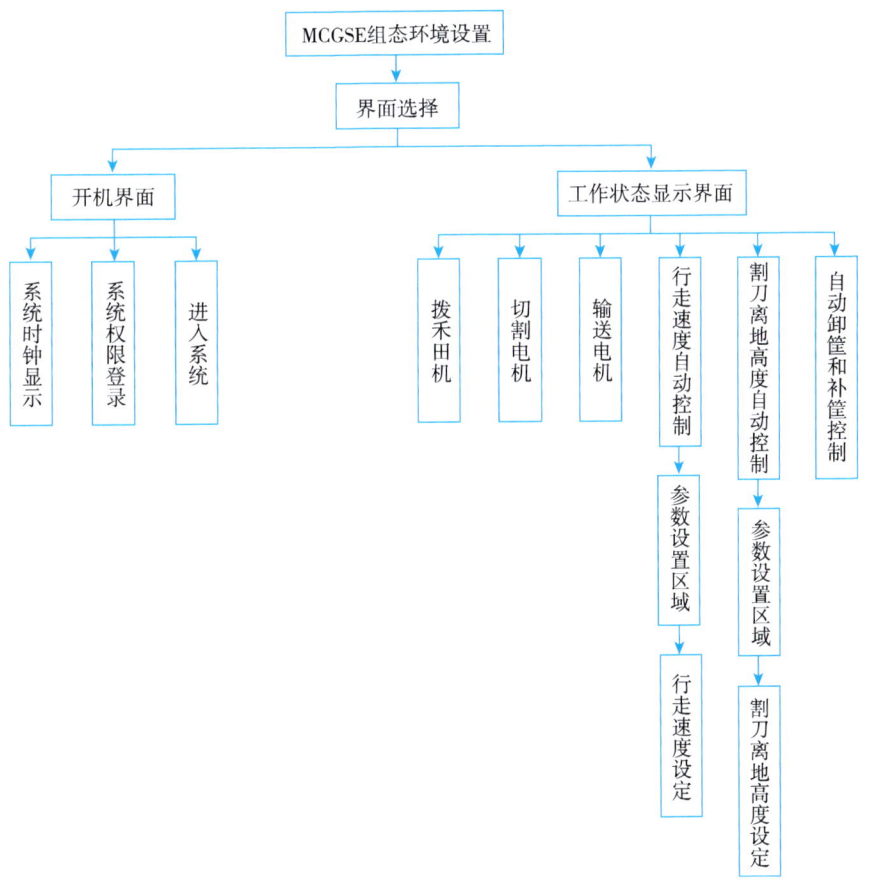

图7.21 触摸屏组态界面设计结构

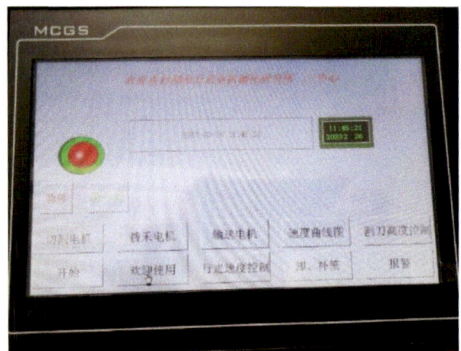
（a）欢迎界面

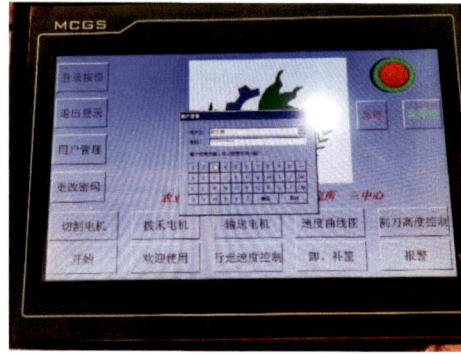
（b）登录界面

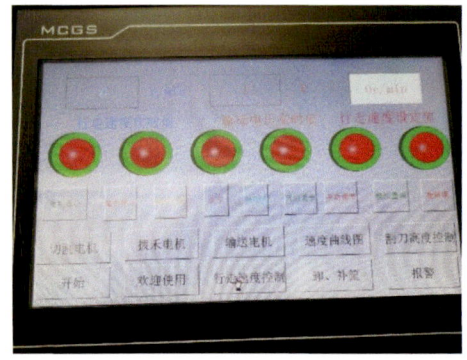
（c）行走速度自动控制工作状态显示界面

（d）行走速度设定

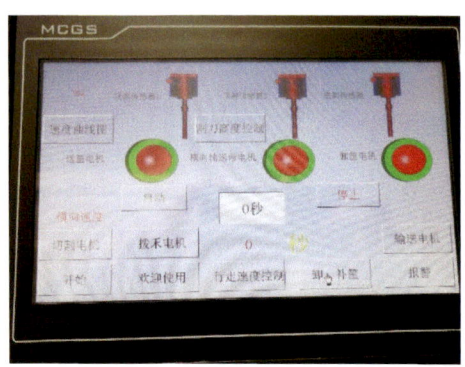

（e）自动卸筐和补筐控制工作状态显示界面

**图 7.22　触摸屏显示界面**

　　数据变量具体连接过程如图 7.23 所示，首先可以通过 MCGSE 组态环境软件导出需要进行数据连接的变量标签 Excel 表格，然后对导出的 Excel 表格进行组态检查，接着制作 U 盘综合功能包，最后将功能包下载到触摸屏中，等待界面提示成功即可。

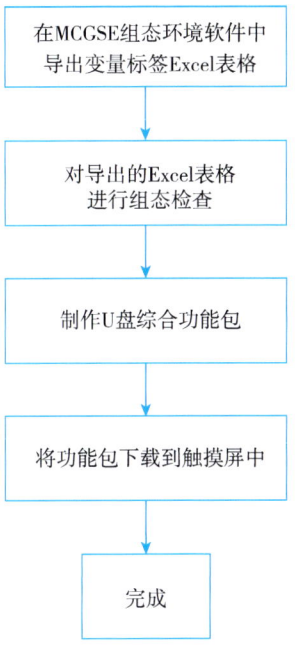

图 7.23　数据变量连接流程

## 7.7　研究结论

（1）阐述了电动薯尖叶菜多用途收获机自动控制系统的主要组成部分，其中包含使用 S7-200 SMART 系列可编程逻辑控制器和各模块的配置、人机交互界面设计以及 PLC 程序设计等方面的内容。

（2）在硬件方面，详细介绍了 PLC 的 CPU 模块、以太网口通信模块、串口 RS232/485 通信模块、模拟量输入/输出模块以及昆仑通态触摸屏的相关配置参数。

（3）在 PLC 程序设计方面，主要涉及 I/O 地址分布、收获机自动控制系统主程序等的设计。在人机交互界面设计方面，重点介绍了所需功能界面以及 PLC 与触摸屏的数据连接。

# 8 系统性能试验

## 8.1 行走速度自动控制田间试验

为了验证仿真试验结果的准确性，分别运用基于PID、模糊PID和滑模行走速度控制模式的电动薯尖叶菜多用途收获机在农业农村部南京农业机械化研究所菜用甘薯基地进行试验验证。将行走速度PID控制算法的比例系数$K_P$置为13.16、积分系数$K_i$置为303.28；模糊PID控制算法的量化因子$K_e$置为10.0、量化因子$K_{ec}$置为0.1、比例因子$K_1$置为0.1、比例因子$K_2$置为0.2、比例系数$K_P$置为13.16、积分系数$K_i$置为303.28、微分系数$K_D$置为0.09；滑模控制算法的增益系数A置为1/70、增益系数c置为100、增益系数k置为100、增益系数k置为100，在收获机恒定负载启动、平稳运行状态下叶菜收集筐装满卸机这两种工况下开展田间试验（图8.1），结果如图8.2、图8.3所示。

# 8 系统性能试验

图 8.1　4UM-120D 型电动叶菜收获机田间作业现场

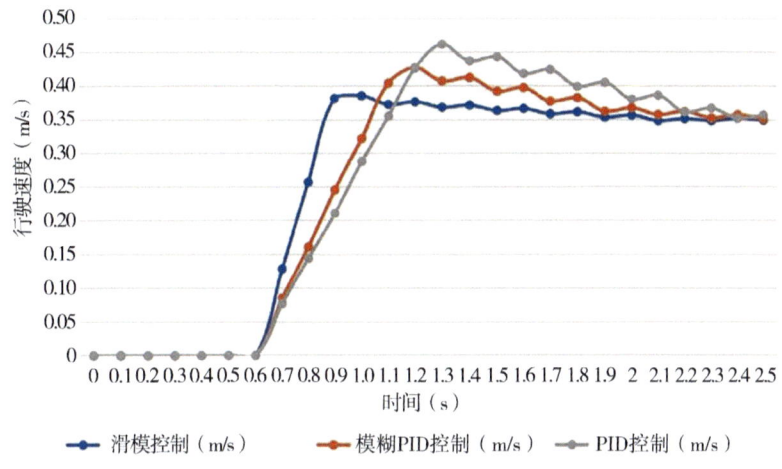

图 8.2　收获机恒定负载启动时三种控制策略响应效果

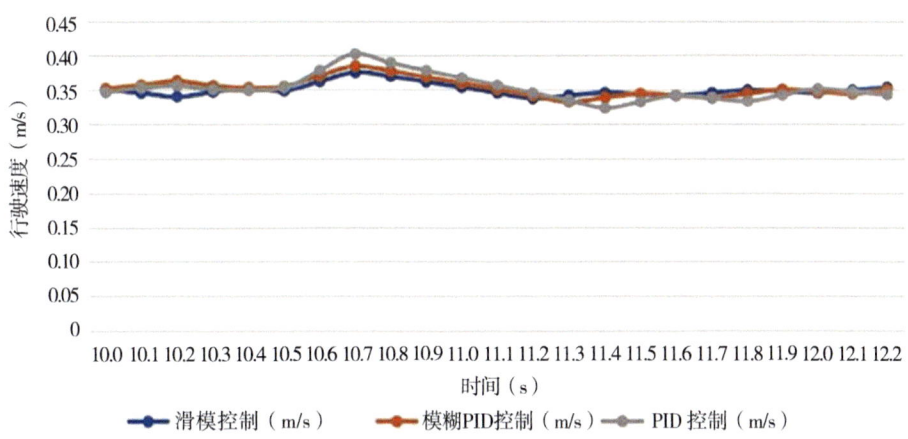

图 8.3　收获机平稳运行状态下叶菜收集筐装满卸机时三种控制策略响应效果

由图 8.2 可知，在收获机恒定负载启动时，基于 PID 控制算法的电动薯尖叶菜多用途收获机行走驱动系统超调量为 32%、基于模糊 PID 控制算法的行走驱动系统超调量为 22%、基于滑模控制算法的行走驱动系统超调量为 10%，试验时以收获机行走速度首次进入 0.35m/s 的 ±2% 范围内且不再超出的时间为调节时间，因此，基于 PID 控制算法的行走驱动系统调节时间为 2.2s、基于模糊 PID 控制算法的行走驱动系统调节时间为 1.9s、基于滑模控制算法的行走驱动系统调节时间为 1.5s。由图 8.3 可知，在收获机平稳运行状态下叶菜收集筐装满卸机时，基于 PID 控制算法的行走驱动系统稳态过渡时间为 1.0s、基于模糊 PID 控制算法的行走驱动系统稳态过渡时间为 0.5s、基于滑模控制算法的行走驱动系统稳态过渡时间为 0.3s。总之，相比于传统 PID，模糊 PID 控制策略下的行走驱动系统抗扰动性和稳定性更优，虽然基于滑模控制策略的电动叶菜收获机行走驱动系统动态响应性能和稳定性优于 PID 及模糊 PID 控制策略，并且抗扰动性更强，但其会在多次稳定状态范围内作微弱振荡。因此，仿真试验结果可靠。

## 8.2 回归方程准确性验证试验

为了证明多元二次回归方程的准确性，优化后的组合参数被应用到农业农村部南京农业机械化研究所甘薯茎尖试验基地进行试验验证。将比例系数置为 0.127、积分系数置为 0.020、行走电机驱动电压初始值置为 1.81V，在收获机行走速度设定值为 0.43m/s 条件下进行田间试验验证，结果如表 8.1 所示。

表 8.1 优化条件下各评价指标实测值

| 项目 | 系统调节时间 $Y_1$（s） |
| --- | --- |
| 试验值 | 2.1 |
|  | 2.0 |
|  | 2.1 |
|  | 2.2 |
|  | 2.3 |
| 平均值 | 2.14 |
| 优化值 | 2.102 |
| 相对误差（%） | 1.8 |

由表 8.1 可知，基于模糊 PID 的电动薯尖叶菜多用途收获机行走速度自

动控制系统到达稳态时的调节时间的试验实测值与理论优化值有较好的一致性，在5%以内的相对误差范围内，因此可以说明参数优化的结果是可靠的。在电动薯尖叶菜多用途收获机收获作业时，采用该优化参数组合，即比例系数 $K_p$ 为 0.127、积分系数 $K_i$ 为 0.020、行走电机驱动电压初始值 $U$ 为 1.81V，此时基于模糊 PID 的行走速度自动控制系统到达稳态时的调节时间为 2.14s。

## 8.3　割刀离地高度自动调控田间试验

为了验证仿真试验结果的准确性，运用基于增量式 PID 割刀离地高度控制模式的电动薯尖叶菜多用途收获机在农业农村部南京农业机械化研究所菜用甘薯基地进行试验验证，基于增量式 PID 的割刀离地高度自动调控系统装置组成如图 8.4 所示。将增量式 PID 控制策略下的割刀离地高度自动调控系统中旋转角度 PID 控制算法的比例系数 $K_p$ 置为 4.665；旋转速度 PID 控制算法的比例系数 $K_p$ 置为 5.65、积分系数 $K_i$ 置为 3.86；电流 PID 控制算法的比例系数 $K_p$ 置为 0.5455、积分系数 $K_i$ 置为 30.4578，在收获机突然过沟、突然越坎这两种工况下开展田间试验（图 8.5），结果如图 8.6、图 8.7 所示。

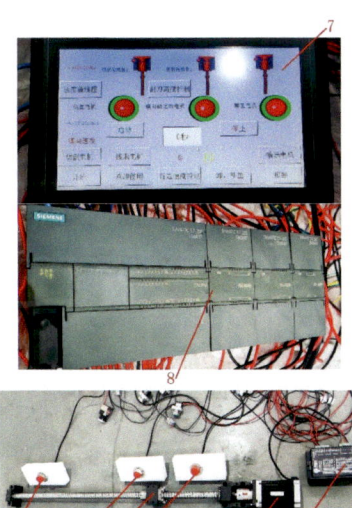

1—步进电机驱动器；2—步进电机；3—左限位接近开关；4—滑块；5—零点限位接近开关；6—右限位接近开关；7—触摸屏；8—PLC。

图 8.4　基于增量式 PID 的割刀离地高度自动调控系统装置

图 8.5　4UM-120D 型电动叶菜收获机田间作业

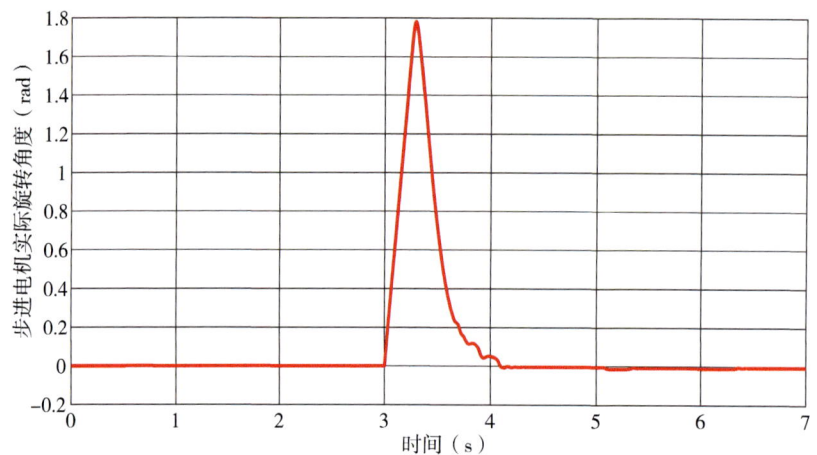

图 8.6　收获机突然过沟时基于增量式 PID 的割刀离地高度自动调控系统响应效果

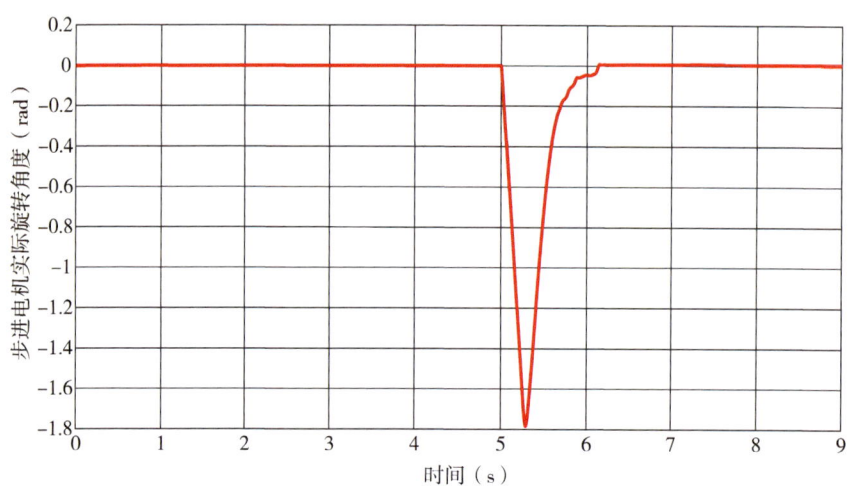

图 8.7　收获机突然越坎时基于增量式 PID 的割刀离地高度自动调控系统响应效果

由图8.6可知，在收获机平稳运行状态下突然过沟时，试验中以步进电机旋转角度从0rad开始增大到首次进入 −0.02～0.02rad 范围内且不再超出的时间记为稳态过渡时间，因此，基于增量式PID控制算法的割刀离地高度自动调控系统突然过沟时的稳态过渡时间为1.0811s。由图8.7可知，在收获机平稳运行状态下突然越坎时，试验中以步进电机旋转角度从0rad开始减小到首次进入 −0.02～0.02rad 范围内且不再超出的时间记为稳态过渡时间，因此，基于增量式PID控制算法的割刀离地高度自动调控系统突然越坎时的稳态过渡时间为1.1185s。总之，当收获机处于突然过沟或突然越坎工况时，基于增量式PID的割刀离地高度自动调控系统动态响应性能与稳定性均较好，因此，仿真试验结果可靠。

## 8.4　研究结论

（1）对行走速度自动控制系统开展田间试验，田间试验结果表明，相比于传统PID，模糊PID控制策略下的行走驱动系统抗扰动性和稳定性更优，虽然基于滑模控制策略的电动薯尖叶菜多用途收获机行走驱动系统动态响应性能和稳定性优于PID及模糊PID控制策略，并且抗扰动性更强，但其会在多次稳定状态范围内作微弱振荡，仿真试验结果可靠。

（2）对多元二次回归方程准确性进行田间验证试验，试验结果表明，基于模糊PID的电动薯尖叶菜多用途收获机行走速度自动控制系统到达稳态时的调节时间的试验实测值与理论优化值有较好的一致性，在5%以内的相对误差范围内，因此可以说明参数优化的结果是可靠的。

（3）对割刀离地高度自动调控系统展开田间试验，田间试验结果表明，当收获机处于突然过沟或突然越坎工况时，基于增量式PID的割刀离地高度自动调控系统动态响应性能与稳定性均较好，达到收获机割刀离地高度自动调控功能。

# 9 总结与展望

## 9.1 研究结论

针对目前甘薯茎尖收获机智能化程度较低,导致不仅增加操作人员工作强度,而且会对甘薯茎尖收获效率和质量产生较大影响的问题,对电动薯尖叶菜多用途收获机自动控制系统开展研究,旨在降低甘薯茎尖生产成本、减轻人工劳动强度、推动菜用甘薯行业发展。主要研究内容及研究结论如下:

(1)电动薯尖叶菜多用途收获机的控制系统设计,包括软、硬件方面。提出控制系统总体设计方案,进行相关硬件选型,并完成人机交互界面设计,编写整机控制程序,开发出新一代电动薯尖叶菜多用途收获机样机。

(2)设计并搭建出一种基于光电传感器和压力传感器协同检测的自动卸筐和补筐控制系统,台架仿真试验结果表明,基于光电传感器和压力传感器协同检测控制策略的自动卸筐和补筐控制系统,无误判断与误动作,改善了系统的稳定性、准确性与快速性。

(3)采用 PID、模糊 PID 和滑模控制策略,搭建出相应控制策略下收获机行走速度自动控制系统。模拟不同工况进行仿真试验。仿真结果表明,相比于传统 PID 控制策略,模糊 PID 控制策略下的行走驱动系统抗扰动性更强,稳定性更优,滑模控制策略下的行走驱动系统相比于 PID 和模糊 PID 控制策略,虽其抗扰动性和稳定性更优,但其会在二次稳定状态范围内作微弱振荡。设计出基于模糊 PID 的行走速度自动控制系统,对基于模糊 PID 的 4UM-120D 型电动薯尖叶菜多用途收获机行走速度自动控制系统工作参数进行三因素三水平试验研究，得到最优作业参数。为了证明多元二次回归方程的准确性，在农业农村部南京农业机械化研究所甘薯茎尖试验基地对优化后的组合参数进行试验验证。试验结果表明，系统到达稳态时的调节时间的试验实测值与理论优化值有较好的一致性，在5%以内的相对误差范围内，因此可以说明参数优化的结果是可靠的。

（4）搭建出基于增量式PID的收获机割刀离地高度自动调控系统，仿真试验结果表明，当割刀离地高度当前值与设定值偏差大于2%，即收获机处于突然过坎或突然爬坡工况时，基于增量式PID控制策略的割刀离地高度自动调控系统动态响应性能与稳定性均较好，达到收获机割刀离地高度自动调控功能。

## 9.2 存在问题

（1）由于行走速度自动控制系统与割刀离地高度自动调控系统均取样于电机，故存在一定程度的准确性误差。

（2）仅通过台架仿真试验说明基于光电传感器和压力传感器协同检测控制策略的自动卸筐和补筐控制系统能够无误判断并避免误动作，没有进一步开展田间试验验证仿真试验结果的准确性。

## 9.3 研究展望

本书以研发的电动薯尖叶菜多用途收获机为研究对象，对电动薯尖叶菜多用途收获机自动控制系统进行深入研究，包括基于模糊PID的行走速度自动调节控制方法、基于增量式PID的割刀离地高度自动调控方法及基于光电传感器和压力传感器协同检测的自动卸筐和补筐控制方法，以S7-200 SMART PLC为主控制器设计了收获机控制系统，后续将开展自动卸筐和补筐控制田间试验，以及使收获机行走速度与自动卸筐和补筐控制系统中横向输送带输送速度分别以低、中、高速等工作条件进行田间试验，对系统的工作效果进行分析，以进一步验证其功能的准确性、可靠性和稳定性。

在通用性方面，后续还将开展鸡毛菜、小青菜等叶菜的田间收获试验，以验证该电动薯尖叶菜多用途收获机可以收获包括甘薯茎尖在内的多种叶菜，体现其通用性、多用途的优点。

# 参考文献

卞丽娜,李继伟,丁馨明,2015.叶菜类蔬菜机械化收获技术及研究[J].农业装备技术,41(2):22-24.

陈刚,李青龙,孙宜田,等,2016.玉米联合收获机自动对行控制系统的研究[J].中国农机化学报,37(3):191-194,280.

陈刚,孙宜田,李青龙,等,2019.玉米收获机自动对行方向自校正系统的研究[J].农机化研究,41(8):191-195.

陈文明,胡良龙,袁建宁,等,2021.国内蔬菜收获机自动控制技术研究现状及展望[J].智能化农业装备学报(中英文),2(2):57-63.

陈文明,王公仆,胡良龙,等,2022.叶菜收获机械的研究现状及发展展望[J].南方农机,53(20):1-4,10.

丁馨明,何白春,薛臻,2014.小型叶菜收割机研发与市场初探[J].江苏农机化(2):40-42.

杜冬冬,费国强,王俊,等,2015.自走式甘蓝收获机的设计与试验[J].农业工程学报,31(14):16-23.

杜冬冬,2017.履带自走式甘蓝收获机研究及称重系统开发[D].杭州:浙江大学.

高飞扬,王卓,白晓平,等,2020.自走式甜菜联合收获机自动对行检测装置的设计[J].农机化研究,42(5):69-76.

葛宜元,2014.试验设计方法与Design-Expert软件应用[M].哈尔滨:哈尔滨工业大学出版社.

宫元娟,冯雨龙,李创业,等,2018.韭菜收割机械研究现状及发展趋势[J].农机化研究,40(10):262-268.

国家统计局,[2024-11-28].农业发展阔步前行 现代农业谱写新篇——新中国75年经济社会发展成就系列报告之二[EB/OL].https://www.stats.gov.cn/sj/sjjd/202409/t20240910_1956334.html.

郭娜,胡静涛,2013.插秧机行驶速度变论域自适应模糊PID控制[J].农业机械学报,44(12):245-251.

郭伟,陈树人,李继伟,2011.一种小型叶菜收获机械的研制[J].农业装备技术,37(2):13-15.

贾洪雷,路云,齐江涛,等,2018.光电传感器结合旋转编码器检测气吸式排种器吸种性能[J].农业工程学报,34(19):28-39.

金诚谦,郭飞扬,徐金山,等,2019. 大豆联合收获机作业参数优化 [J]. 农业工程学报,35(13):10-22.

金月,肖宏儒,肖苏伟,等,2018. 叶类蔬菜收获技术与装备研究现状及发展趋势 [J]. 中国农业科技导报,20(9):72-78.

李涛,周进,徐文艺,等,2018. 4UGS2型双行甘薯收获机的研制 [J]. 农业工程学报,34(11):26-33.

李新成,张健,员玉良,等,2020. 小型电动叶菜收获机智能控制系统设计与试验 [J]. 农机化研究,42(5):83-87.

林佳福,2019. 基于全程机械化的叶类蔬菜周年生产模式 [J]. 长江蔬菜(16):46-48.

刘东,肖宏儒,金月,2019. 叶类蔬菜有序收获机械的研究现状及发展对策 [J]. 江苏农业科学,47(3):27-31.

吕金庆,衣淑娟,陶桂香,等,2018. 马铃薯播种机分体式滑刀开沟器参数优化与试验 [J]. 农业工程学报,34(4):44-54.

吕群华,马骏原,2019. 国内外蔬菜收获机的现状与市场状况 [J]. 河北农机(4):28-29.

茆诗松,周纪芗,陈颖,2012. 试验设计 [M]. 2版. 北京:中国统计出版社.

缪鹏,左志宇,毛罕平,等,2022. 电动叶菜收获机自动对行控制系统研究 [J]. 农机化研究,44(3):84-89.

缪鹏,2020. 电动叶菜收获机智能控制系统研究 [D]. 南京:江苏大学.

申海洋,王冰,胡良龙,等,2020. 4UZL-1型甘薯联合收获机薯块交接输送机构设计 [J]. 农业工程学报,36(17):9-17.

沈公威,王公仆,胡良龙,等,2019. 甘薯茎尖收获机研制 [J]. 农业工程学报,35(19):46-55.

沈公威,王公仆,胡良龙,等,2020. 基于ANSYS的菜用甘薯茎尖切割有限元分析与试验 [J]. 中国农机化学报,41(4):13-18.

施印炎,章永年,汪小旵,等,2018. 环保自走式芦蒿有序收获机的研制与样机试验 [J]. 中国农机化学报,39(11):17-21.

汪海波,周波,方斯琛,2009. 永磁同步电机调速系统的滑模控制 [J]. 电工技术学报,24(9):71-77.

王俊,杜冬冬,胡金冰,等,2014. 蔬菜机械化收获技术及其发展 [J]. 农业机械学报,45(2):81-87.

王申莹,胡志超,彭宝良,等,2013. 基于ADAMS的甜菜收获机自动对行探测机构仿真 [J]. 农业机械学报,44(12):62-67.

王申莹,胡志超,吴惠昌,等,2014. 基于Proteus的甜菜收获机自动对行控制系统设计仿真与试验 [J]. 中国农机化学报,35(3):35-40.

王申莹,胡志超,吴惠昌,等,2016. 甜菜收获机自动对行液压纠偏执行系统设计与试验 [J]. 农机化研究,38(3):155-162.

魏国俊,夏利利,刘颖,等,2020. 4VYF-120型手扶式叶菜收获机的设计与试验 [J]. 江苏农机化(6):9-12.

# 参考文献

吴惠昌,胡志超,彭宝良,等,2013.牵引式甜菜联合收获机自动对行系统研制[J].农业工程学报,29(12):17-24.

伍渊远,尚欣,张呈彬,等,2017.自然光照下智能叶菜收获机作业参数的获取[J].浙江农业学报,29(11):1930-1937.

伍渊远,2018.温室芹菜收获机的设计[D].银川:宁夏大学.

肖宏儒,金月,宋志禹,等,2018.茎叶类蔬菜生产技术装备应用与发展趋势分析[J].中国蔬菜(6):17-21.

谢一芝,郭小丁,贾赵东,等,2013.菜用甘薯品种宁菜薯1号的选育及配套栽培技术[J].江苏农业科学,41(12):107-108.

徐少华,秦广明,沈丹波,2016.一种新型叶茎类蔬菜收获机的研制[J].中国农机化学报,37(1):18-21.

严伟,胡志超,吴努,等,2017.铲筛式残膜回收机输膜机构参数优化与试验[J].农业工程学报,33(1):17-24.

杨光,肖宏儒,宋志禹,等,2018.叶类蔬菜收获环节机械化还需跨过几道坎[J].蔬菜(6):1-8.

杨然兵,尚书旗,王家胜,等,2011.根茎类作物收获机械自动对行技术的研究[C].中国农业工程学会2011年学术年会论文集:5.

杨世勇,徐国林,2011.模糊控制与PID控制的对比及其复合控制[J].自动化技术与应用,30(11):20-25.

张今旗,周法闯,靖昌瑞,等,2020.叶菜收获机械的研究现状及发展趋势分析[J].南方农机,51(2):31.

张凯良,胡勇,杨丽,等,2020.玉米收获机自动对行系统设计与试验[J].农业机械学报,51(2):103-114.

张雁,李彦明,刘翔鹏,等,2018.水稻直播机自动驾驶模糊自适应控制方法[J].农业机械学报,49(10):30-37.

BAI S, YUAN Y, NIU K, et al., 2022. Design and experiment of a sowing quality monitoring system of cotton precision hill-drop planters[J]. Agriculture, 12(8): 1117.

CHEN J, ZHANG H, PAN F, et al., 2022. Control system of a motor-driven precision no-tillage maize planter based on the CANopen protocol[J]. Agriculture, 12(7): 932.

LI J, SHANG Z, LI R, et al., 2022. Adaptive sliding mode path tracking control of unmanned rice transplanter[J]. Agriculture, 12(8): 1225.

TIAN F, WANG X, YU S, et al., 2022. Research on navigation path extraction and obstacle avoidance strategy for pusher robot in dairy farm[J]. Agriculture, 12(7): 1008.

ZHANG B, CHEN X, ZHANG H, et al., 2022. Design and performance test of a jujube pruning manipulator[J]. Agriculture, 12(4): 552.